Corinna Dicks

Diagnose Kissing Spines

Erste Schritte in ein schmerzfreies Pferdeleben

Müller Rüschlikon

Einbandgestaltung: R2 I Ravenstein, Verden

Titelfoto: privat

Alle Angaben in diesem Buch wurden nach bestem Wissen und Gewissen gemacht. Für einen eventuellen Missbrauch der Informationen in diesem Buch können weder die Autorin noch der Verlag oder die Vertreiber des Buches zur Verantwortung gezogen werden. Eine Haftung für Personen-, Sach- und Vermögensschäden ist ausgeschlossen.

ISBN 978-3-275-02367-7

Postfach 103743, 70032 Stuttgart
Ein Unternehmen der Paul Pietsch Verlage GmbH & Co. KG

1. Auflage 2026

Sie finden uns im Internet unter www.mueller-rueschlikon-verlag.de

Gesamtleitung: Claudia König
Lektorat: Agnes Trosse
Satz und Gestaltung: Agnes Trosse
Druck und Bindung: Graspo CZ, 76302 Zlin
Printed in Czech Republic

INHALT

© Nina Behle Fotografie

VORWORT

„Du musst dich durchsetzen. Die ist fünf Jahre alt, die testet!“
Solche und ähnliche gut gemeinte Ratschläge durfte ich mir von meinen Stallkolleginnen anhören, nachdem meine Stute Clara mich derart bockend gegen die Hallenwand katapultiert hatte, dass sie jedem Rodeopferd Ehre gemacht hätte.
Da ich Clara erst zwei Monate zuvor gekauft hatte (mit einer zufriedenstellenden Ankaufsuntersuchung, aber ohne aktuelle Röntgenbilder der Wirbelsäule), wollte ich kein Risiko eingehen und fuhr mit ihr in eine Tierklinik. Diagnose: Kissing Spines in der Brustwirbelsäule mit akuten entzündlichen Prozessen.
Der Tierarzt riet mir, den Rücken mit einer Mischung spritzen zu lassen, die unter anderem Cortison enthielt, sodass die Entzündungen abklingen konnten. Danach sollte ich sie drei Monate lang ausgebunden longieren.
Gesagt, getan. Doch leider bekam ich mit dieser Behandlungsmethode Claras Rücken und ihre Widersetzlichkeiten nicht in den Griff.
So setzte ich mich schließlich über die Trainingsempfehlung des Tierarztes hinweg und begann, meinen eigenen Trainingsplan für Clara zu schreiben, denn wer könnte so ein Pferd besser aus seinen Schmerzen herausholen, als eine ausgebildete Osteopathin und Physiotherapeutin? Clara holte mich jedoch sehr schnell auf den Boden der Tatsachen zurück und verpasste meiner Überheblichkeit einen dicken Dämpfer. Sie lehrte mich, dass ein Pferd mit Rückenschmerzen nicht „mal eben“ schmerzfrei trainiert und reitbar gemacht werden konnte. Ich musste sehr viele Rückschläge einstecken, Ideen überdenken und ziemlich schmerzhaft lernen, dass es sinnvoll ist, auf die Signale meines Pferdes genau zu achten.
Ich fing gezielt an, Fortbildungen in Sachen Wirbelsäule, Rückenkrankheiten beim Pferd und Lahmheitsdiagnostiken zu besuchen und mich noch intensiver mit dem Training und Aufbau rückenkranker Pferde zu beschäftigen sowie mit der Psyche des Pferdes.
Gepaart mit dem engen Austausch mit Tierärzten, meinem Hufschmied, mehreren Trainern mit unterschiedlichen Trainingsansätzen und verschiedenen Sattlern schaffte ich es schließlich, Claras Rücken schmerzfrei, belastbar und tragfähig zu bekommen und sie zu einer freiwilligen Mitarbeit mit mir zu bewegen.

Gleichzeitig kamen immer häufiger Pferdebesitzer auf mich zu, deren Pferde ebenfalls Probleme mit ihren Rücken hatten. Und im Laufe der Jahre bildete sich während meiner Behandlungen ein Muster von ähnlichen Fragen der Besitzer, Ausgangsfaktoren, Verhaltensweisen und Überforderungen, sodass die Idee zu diesem Ratgeber entstand.
Die Krankheit Kissing Spines ist viel zu komplex und zu individuell, um einen einheitlichen Therapieplan aufzustellen, der jedes Pferd gleichermaßen aus seinen Schmerzen herausholen kann und wieder tragfähig werden lässt.
Deshalb kann dieser Ratgeber keine Garantie für eine erfolgreiche und dauerhafte Schmerzfreiheit für Kissing Spines-Pferde sein. Aber es soll einen Überblick über die Krankheit geben und für die Bedürfnisse rückenkranker Pferde sensibilisieren. Viele Fragen, die direkt nach der Diagnose entstehen, werden beantwortet und Trainingsansätze und Entspannungstechniken beschrieben, die speziell für Kissing Spines-Pferde hilfreich sind.
Pferdebesitzer kennen ihre Pferde in der Regel am besten, kennen die Trainingsbedingungen, die sie zur Verfügung haben, kennen ihre reiterlichen Fähigkeiten und entwickeln eine mehr oder weniger große Bereitschaft, sich auf die Bedürfnisse ihrer Pferde einzustellen.
Ich hoffe, jeder Leser findet in diesem Buch einen Leitfaden und Ideen, die ihn dazu ermutigen, trotz Rückschlägen – die mit Sicherheit kommen werden –, mit seinem Pferd zu arbeiten und ihm zu helfen, wieder ein schmerzfreies Leben führen zu können.
Eine Zusammenarbeit mit dem Therapeuten, dem Tierarzt und/oder dem Trainer ersetzt das Buch aber natürlich nicht.
Ein kleiner Hinweis: Der Einfachheit halber nutze ich nur den Begriff Pferd. Aber selbstverständlich können Ponys ebenso an Kissing Spines leiden, weshalb sich Ponybesitzer gleichermaßen angesprochen fühlen sollen. Damit sich der Text leichter liest, nutze ich außerdem in meinem Buch die männliche Form, möchte aber betonen, dass sich meine Aussagen selbstverständlich an alle Geschlechter richten.

DANKSAGUNG

Bevor ich nun eintauche in die Materie, möchte ich mich bei einigen Menschen bedanken, die zum Gelingen dieses Buches sehr beigetragen haben. Besonders hinsichtlich der Fotos bin ich für die Zusammenarbeit sehr dankbar, denn ohne diese Menschen, hätte ich das Bildmaterial nicht zusammenstellen können.
Hinweis: Mit den auf den Fotos gezeigten Pferden wird in der Praxis nicht in Zwangshaltungen gearbeitet. Einige Aufnahmen entstanden ausschließlich zu Demonstrationszwecken, um ungünstige Reitweisen oder Haltungsformen anschaulich zu machen.

Vielen Dank:

- Nina Behle Fotografie (für den Großteil der tollen Fotos),
- Hof Hagemann-Krystosek (für die Bereitstellung der Location),
- Uwe Krystosek,
- Wiebke Krystosek-Arens,
- Dr. Susanne Ihmels,
- Isabel Hanskötter,
- Nina Behle und Leo,
- Julia Klüter und Farbenfroh,
- Kai Rode,
- Silvia Engelhardt und Fabi,
- Lea Petry und Lady,
- Smilla Flensberg und Max,
- Sophia Patzelt Pferdetraining und Nobell,
- Julie Fischer und Sheldon,
- Milena Stork und Sofie,
- Vivien Kreimeyer und Sarotti,
- Carolin Amlung und Lucky,
- Christine Bremer und Lumpi von Cheval Balance
- Dr. Gerhild Stoppel
- Elke, Nadine und Reinhard Dicks

© Nina Behle Fotografie

DIE KRANKHEIT

Übersetzt bedeutet Kissing Spines „Küssende Dornfortsätze". Dabei handelt es sich um eine Krankheit des Pferderückens, die meist im Bereich vom zehnten Brustwirbel bis zum vierten Lendenwirbel auftritt. Die Dornfortsätze, die nach oben aus den Wirbelkörpern ragen, stehen viel zu dicht aneinander, berühren oder überlappen sich.
Durch Bewegung und/oder Druck von oben reibt Knochen an Knochen. Die Knochenhaut wird gereizt, es entstehen Entzündungen und Schmerzen. Mitunter kann sich die Form des Knochens durch das Gegeneinanderpressen verändern, oder der Knochen verdichtet sich.
Manchmal sind nur zwei Dornfortsätze betroffen, manchmal mehrere oder gar der gesamte Rückenbereich.

VERSCHIEDENE AUSPRÄGUNGEN

- Engstände zwischen den einzelnen Dornfortsätzen
- Sich berührende oder überlappende Dornfortsätze
- Sklerosierte Bereiche (Knochenverdichtungen)
- Exostosen (Wucherungen/Veränderungen der Knochenform)
- Zystoide Defekte (Hohlräume im Knochen, die meist mit Flüssigkeit gefüllt sind und einer Zyste ähneln)

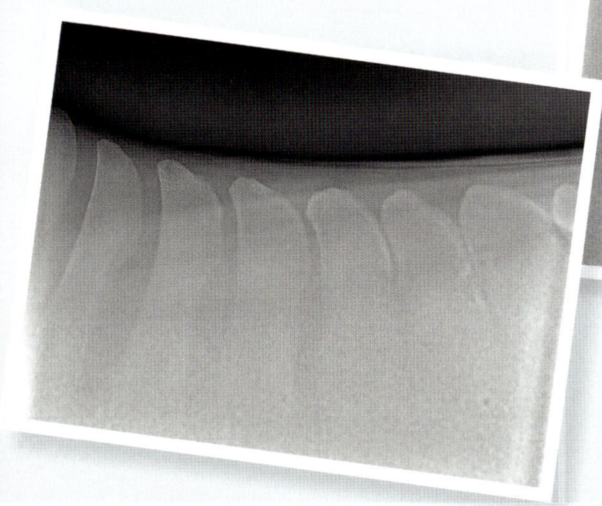

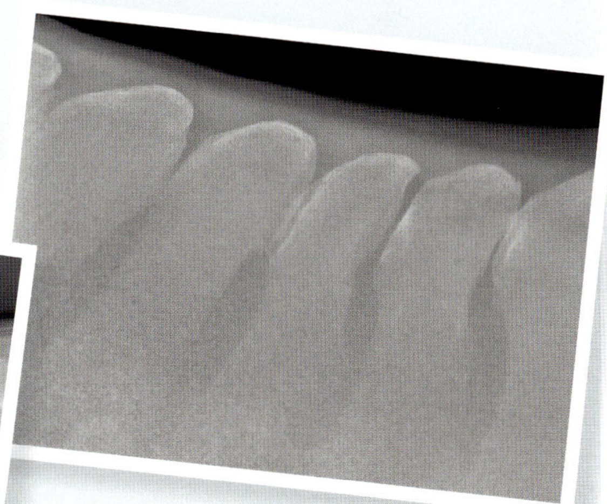

Links: Deutliche Engstellen mit Berührungen der Dornfortsätze im hinteren Brustwirbelbereich. Rechts: Die Dornfortsätze berühren einander und haben ihre Form leicht verändert.

URSACHEN

Wie entstehen Kissing Spines?
Es gibt verschiedene Möglichkeiten, wie die Krankheit entstehen kann.
Häufige Ursachen sind die Überbelastung des Pferderückens in jungen Jahren, etwa durch einen zu schweren Reiter beim Anreiten, oder eine zu intensive Reiterei, der das junge Tier noch nicht gewachsen ist.
Abgesehen davon, dass die Wirbelsäule beim jungen Pferd noch instabil ist, ist der Aufbau der für die zum Tragen relevanten Muskeln ein längerer Prozess. Wird hier Training abgekürzt, hat das massive physische Auswirkungen und auch psychisch können Pferde einem zu frühen sportlichen Druck meist nicht standhalten.

Info:

Die Wirbelsäule stabilisiert und festigt sich erst mit fünf bis sechs Jahren.

Eine fehlerhafte Reitweise, wie zum Beispiel die absolute Aufrichtung, die durch den Reiter erzwungen wird, im Gegensatz zur über mehrere Jahre korrekt trainierten relativen Aufrichtung, kann ebenfalls zu Kissing Spines führen genauso wie ein Weideunfall, bei dem die Wirbelsäule gestaucht wird.
Ein unpassender Sattel, der schmerzhaft in den empfindlichen Pferderücken drückt, kann die Krankheit ebenfalls begünstigen, denn das Pferd wird versuchen, sich dem Schmerz zu entziehen, indem es sich verspannt und den Rücken nach unten wegdrückt.
Möglich ist außerdem eine angeborene Fehlstellung der Brust- und Lendenwirbelsäule. Dies ist jedoch nur schwer nachweisbar und gilt eher als Vermutung. Trotzdem nehmen viele seriöse Züchter Kissing Spines-Pferde nicht in ihr Zuchtprogramm auf, um einer eventuellen Vererbung vorzubeugen.

HILFE DURCH ...

Um Kissing Spines diagnostizieren zu können, braucht es zunächst den Tierarzt. Mit Hilfe von Röntgenbildern ist es sehr schnell möglich festzustellen, wie die Dornfortsätze im Pferd stehen. Gute Röntgengeräte erfassen zudem auch die darunter liegenden Wirbelkörper.
Stehen noch weitere tiefer liegende Strukturen im Verdacht Probleme zu verursachen, kann es hilfreich sein, dass der Tierarzt zusätzlich eine Szintigrafie durchführt (nuklearmedizinische Untersuchungsmethode).
Nach der Diagnose gibt es verschiedene Möglichkeiten, dem Pferd zu helfen. Der Pferdebesitzer hat die Wahl zwischen konservativen Therapiemethoden und einer Operation. Da ich mich in diesem Ratgeber auf die konservativen Therapiemethoden konzentrieren möchte, stelle ich die OP-Methoden nur kurz vor. Allerdings müssen auch operierte Pferde nach ihrer Genesung mit einem Aufbau-

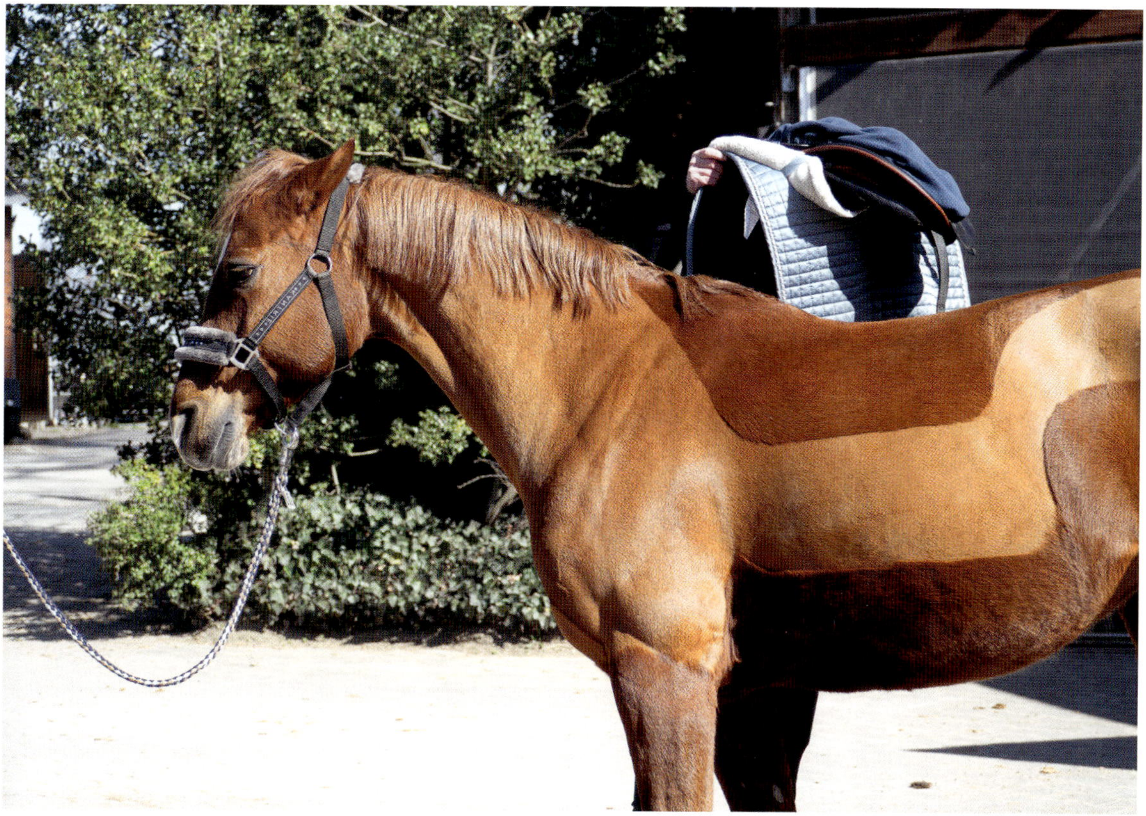

Der Gesichtsausdruck zeigt die Erwartungshaltung: Die Stute verbindet den Sattel mit Schmerzen. (© Nina Behle Fotografie)

training beginnen, und korrekt über den Rücken geritten werden. Daher kann das Buch auch für diese Pferde hilfreich sein.

OP-Methoden

- Partialresektion des cranialen Abschnitts der Dornfortsätze (Entfernung von Teilen der betroffenen Dornfortsätze)
- Lig-Snip-Methode (Durchtrennung der *ligamenta interspinalia*): Es soll ein größerer Abstand zwischen den Dornfortsätzen erreicht werden.

Tierärztliche Behandlung (als Grundlage)

Stehen die Dornfortsätze so nah beieinander, dass sie aneinander reiben, kommt es zu entzündlichen Prozessen. Diese werden vom Tierarzt durch die Diagnostik lokalisiert und dann behandelt. Meist wird dazu eine Cortisonmischung rechts und links entlang der Wirbelsäule in die Muskulatur injiziert. Cortison (in der Medizin ein synthetisch hergestelltes Steroidhormon), wirkt stark entzündungshemmend und reguliert den Stoffwechsel sowie das Immun-

Gymnastizierende Arbeit an der Hand. (© Nina Behle Fotografie)

Ein korrekt trainiertes Pferd kann einen Reiter problemlos tragen. (© Nina Behle Fotografie)

system. Entzündungsfördernde Stoffe werden verringert. Dadurch können sich die Strukturen beruhigen und Schmerzen reduziert werden. Anschließend ist Training angesagt.

Da durch die Entzündungshemmung die Schmerzen, die durch Entzündungen entstehen, rasch gelindert werden und dieser Effekt nach dem Spritzen einige Tage anhält, macht es Sinn, mit dem Training zu beginnen, solange die Cortisonmischung wirkt. Das Pferd kann in dieser Zeit am ehesten dazu gebracht werden, den Rücken wieder locker zu bewegen statt ihn festzuhalten. Außerdem „verzeiht" der Rücken falsche Bewegungsmuster eher, die mit Sicherheit zu Beginn des neuen Trainings immer wieder auftreten werden.

Info:

Ein Pferd kann nur aufmuskeln, wenn es angst- und schmerzfrei ist.

Training

Grundsätzlich reicht es, ein (gesundes) Pferd über den Rücken so zu trainieren, dass die Knochen, Sehnen und Bänder gestärkt, Nervenbahnen sensibilisiert und stabilisierende Muskeln aufgebaut werden können. Adaptionszeiten (die Dauer, die der Organismus benötigt, um sich an das Training anzupassen) müssen eingehalten werden, und die Umgebungsfaktoren sollen für die Psyche des Pferdes angemessen sein. Kissing Spines können angeboren sein, in den allermeisten Fällen sind sie jedoch „antrainiert". Das heißt, im Training des Pferdes ist irgendwann etwas schiefgelaufen, sodass das Pferd nicht mehr AUFgebaut, sondern ABgebaut hat. Ein solches Pferd muss nicht AUFtrainiert, sondern UMtrainiert werden, was deutlich länger dauert und auch Schwierigkeiten mit sich bringen kann.

Von der Diagnose bis zum ersten Reitversuch kann ein Jahr Bodenarbeit

liegen, denn neben dem physischen Training spielt die Psyche des Pferdes eine sehr wichtige Rolle.
Erst wenn wir das Pferd vom Boden aus so trainiert haben, dass es mit schwingendem Rücken in einem entspannten, aber fleißigen und ausbalancierten Vorwärts-Abwärts läuft, können wir uns an das Reiten wagen.
Inzwischen gibt es auf dem Markt eine Vielzahl von Hilfsmitteln, Bodyforming-Produkten und Futtermittelzusätzen, die das Pferd in eine bestimmte Form bringen und einen schnellen Trainingseffekt versprechen, sodass das Trainingsziel schnell erreicht werden kann.
In einem der unteren Kapitel werde ich gesondert auf das Thema eingehen, denn in den meisten Fällen schadet es dem Pferd mehr, als dass es ihm nutzt, in eine bestimmte Haltungs- und Bewegungsform hineingezwungen zu werden.
Zur Unterstützung der Muskulatur können Muskelrelaxanzien oder gezielte Präparate zum Muskelaufbau zugefüttert werden. Auch Magnesium und verschiedene Kräuter können helfen, die häufig verspannte Muskulatur zu lockern und die Psyche des Pferdes zu beruhigen.
Trotzdem muss sich jeder Reiter eines symptomatischen Kissing Spines-Pferdes darüber im Klaren sein, dass es keine Hilfsmittel und Futterzusätze gibt, die eine Abkürzung im Training erlauben. Zeitdruck und Ungeduld sind hier fehl am Platz.

Nicht nur das Pferd muss einen neuen Bewegungsablauf erlernen, sondern auch der Reiter wird seine bisherigen Trainingsmethoden hinterfragen und (selbstkritisch) auch die Haltungsbedingungen seines Pferdes überprüfen müssen.

Widersetzlichkeit beim Reiten kann ein erstes Anzeichen für Kissing Spines sein.

CLARA

Ohne Clara wäre dieses Buch nie entstanden, und ich wäre nicht die Therapeutin, die ich heute bin.
Im Vorwort habe ich bereits kurz umrissen, wie es dazu kam, dass ich mich mit der Krankheit Kissing Spines deutlich intensiver auseinandersetzen musste, als mit jeder anderen Pferdekrankheit.
Clara ist eine 1,70 m große Hannoveraner-Stute, die – wen es interessiert – von Don Darius und Dimension abstammt und inzwischen 13 Jahre alt ist. Ich kaufte sie fünfjährig, in der Hoffnung, mit ihr ein kopfklares und entspanntes Pferd zu bekommen, mit dem ich das eine oder andere Turnier bestreiten würde.
Das Probereiten verlief gut, und die Ankaufsuntersuchung war zufriedenstellend. Die Röntgenbilder zeigten zwar eine kleine Engstelle an zwei Dornfortsätzen der Brustwirbelsäule in der Sattellage, aber darüber machte ich mir keine Sorgen. Zu dem Zeitpunkt vertraute ich dem Tierarzt vor Ort, der mir erklärte, dass die Röntgenbilder schon etwas älter waren, in so kurzer Zeit (circa vier Wochen) aber keine anatomischen Veränderungen entstanden sein können. Aktuelle Bilder waren also nicht notwendig.
Clara wurde über einen professionellen Ausbildungs- und Verkaufsstall verkauft. Der Tierarzt, der die Ankaufsuntersuchung durchführte, war vom Verkaufsstall gestellt worden.
Ich gebe zu, dass ich all die guten Ratschläge, die ich meinen Kunden in Bezug auf Pferdekäufe gebe, bei meiner eigenen Suche nach einem passenden Pferd so ziemlich komplett ignoriert habe. Die Quittung erhielt ich zwei Monate nach dem Kauf.
In ihrem neuen Zuhause ließ ich Clara Zeit, um anzukommen. Sie erwies sich tatsächlich als kopfklares und sozialverträgliches Pferd.
Unter dem Sattel war sie artig, eher triebig als flott. Sie lief außerdem hölzern und ohne Schwung. Aber da sie aus einem Verkaufsstall kam, in dem

Clara. Ohne sie wäre dieses Buch nicht entstanden. (© Nina Behle Fotografie)

Augen auf beim Pferdekauf!

Vor jedem Pferdekauf empfehle ich eine umfassende Ankaufsuntersuchung (mit aktuell angefertigten Röntgenbildern) durch einen Tierarzt, den der Interessent sich selbst aussucht und nicht vom Verkäufer gestellt wird. Vertrauen ist gut, Kontrolle ist besser!

sie häufig von verschiedenen Reitern probegeritten wurde, und das Ablongieren durch Zügel ausgebunden erfolgte, hatte ich dafür Verständnis. Mit der Zeit würde sie schon locker werden.
Zwei Monate lang tasteten wir uns aneinander heran, lernten uns kennen, bis Clara eines Tages anfing, beim Putzen die Ohren anzulegen (egal, welche Körperstelle ich putzte) und nach mir zu schnappen. Sie wurde im Umgang von Tag zu Tag unberechenbarer. Schließlich zeigte sie ihr Unwohlsein auch beim Satteln und beim Reiten.
Als wäre es gestern gewesen, kann ich mich daran erinnern, wie ich sie in der Reithalle ritt. Ich wendete im Trab auf den Zirkel ab, linke Hand, und gab die Galopphilfe. Plötzlich verschwand Claras Kopf. Die Galoppsprünge verwandelten sich in Bocksprünge und ich verlor komplett die Kontrolle. Clara hatte ihren Kopf zwischen die Vorderbeine genommen und bockte wie ein Rodeopferd vorwärts. Es war ein grauenvolles Gefühl, und ehe ich richtig begriff, was geschah, flog ich schon gegen die Reithallenwand.
Ohne Reithelm und Sicherheitsweste wäre diese Aktion für mich böse ausgegangen. Glücklicherweise kam ich mit Prellungen an der Hüfte, einem Schock und einem verletzten Stolz davon.
Danach erhielt ich gut gemeinte Ratschläge von meinen Stallkolleginnen und meinem Trainer. Fünfjährige Pferde sind nun einmal pubertär, da muss man sich durchsetzen.

Wäre ich eine mutigere Reiterin gewesen, wäre ich das Risiko vielleicht eingegangen und hätte mich noch mal auf Claras Rücken geschwungen. Aber ich war nicht so mutig, und da meine Stute plötzlich auch im Umgang Wesensveränderungen zeigte, hatte ich einen Verdacht, der nichts mit einer pubertären Phase zu tun hatte: Kissing Spines.
Zur Diagnostik fuhren wir in eine Pferdeklinik. Dort stellte sich heraus, dass die Dornfortsätze nicht nur Engstellen aufwiesen, wie auf den Röntgenbildern der Ankaufsuntersuchung zu sehen waren, sondern dass sich an zwei Stellen Exostosen (Knochenzubildungen) gebildet hatten, durch die die Dornfortsätze aneinanderstießen. Die Knochen hatten also schon reagiert, und es bestanden akute Entzündungen, die natürlich sehr schmerzhaft waren.
Um zunächst die Entzündungen zu bekämpfen, injizierte der Tierarzt rechts und links entlang der Brustwirbelsäule eine Cortisonmischung in den langen Rückenmuskel. Danach sollte ich Clara zu Hause jeden Tag ausgebunden longieren. Nach drei Monaten sollte das Problem behoben, und Clara wieder schmerzfrei reitbar sein, so der Tierarzt.
Ich machte mir Gedanken um den Rat, den der Tierarzt mir bezüglich des Trainings gegeben hatte. Doch kam ich nicht dazu, lange darüber nachzudenken.
Kurz nach der Diagnose stellten wir bei Clara noch eine weitere Krankheit fest. Es hatte sich ein Abszess am Backenzahn gebildet, der zu dem Zeitpunkt, als

Idylle pur. Aber der Anblick täuschte. Mit der Krankheit kamen die Probleme. (© Corinna Dicks)

wir die Krankheit feststellten, bereits so viel eitriges Sekret produziert hatte, dass der Kopf bis hoch zu den Stirnhöhlen mit dem Sekret gefüllt war und die Strukturen sich entzündet hatten. Ich mag mir gar nicht vorstellen, wie groß Claras Kopfschmerzen gewesen sein müssen. Die Ursache für ihre Widersetzlichkeit lag also nicht nur in den Kissing Spines, sondern auch in dem eitrigen Abszess.

Es bedurfte drei Operationen, bis Abszess und Eiter komplett entfernt, und die Entzündungen abgeklungen waren. Hinzu kamen die regelmäßigen Fahrten in kurzen Abständen zur Tierklinik (Kontrolltermine), die sich über ein Jahr hinzogen. In dieser Zeit wurde Claras Rückenproblem zur Nebensache. Muskeln baute sie sowieso nicht auf, denn unter Schmerzen baut kein Pferd Muskulatur auf. Ich bewegte Clara, aber ich trainierte sie nicht auf Trense und schon gar nicht ausgebunden.

Zeitlich gesehen ließ uns der Abszess im Training natürlich komplett zurückfallen. Aber er gab mir auch Zeit, um mich intensiv mit dem Rat des Tierarztes bezüglich des Longierens zu befassen, mich fortzubilden und mich mit anderen Trainingsmethoden zu beschäftigen. Ich stellte das Training komplett um, bastelte mir einen eigenen Trainingsplan und arbeitete mit verschiedenen (Fach-) Personen zusammen, von denen mir einige sehr helfen konnten, andere uns eher in der Entwicklung behinderten. Besonders lernte ich, dass Clara ihre

eigene Meinung hatte, und dass eine Zusammenarbeit mit anderen Menschen nur Sinn machte, wenn Clara mit diesen Menschen einverstanden war. War sie es nicht, waren die Ohren keine Sekunde lange gespitzt, sondern lagen flach am Kopf an. Diesbezüglich war sie sehr deutlich, und es war immer ratsam, ihre Meinung ernst zu nehmen.
Clara hatte ihren eigenen Rhythmus, ihr eigenes Tempo, ihre eigenen Leute. Wir arbeiteten abwechslungsreich und bauten das Training immer wieder um, passten es an.
Durch den Abszess dauerte es mehr als ein Jahr, bis sich jemand wieder auf Claras Rücken schwang, und dieser Jemand war nicht ich. In meinem Kopf war der Unfall, wie meine Stute mich in die Hallenwand katapultiert hatte, noch so präsent, dass ich nicht unbefangen auf den Pferderücken klettern konnte. Deswegen suchte ich mir reiterliche Unterstützung. Einfach war dies nicht, denn selbst professionelle Bereiter möchten nicht unbedingt von einem Pferd in den Dreck befördert werden, wenn sie wissen, dass das Pferd unter Umständen schwierig sein kann, und fand ich jemanden, der uns unterstützte, musste die Chemie sowohl zwischen mir und dem (Be-)Reiter als auch zwischen Clara und dem (Be-) Reiter stimmen.
Bis ich selbst wieder auf Claras Rücken kletterte, vergingen einige Monate, denn ich hatte mein Vertrauen in mein reiterliches Können und in Clara als Reitpferd völlig verloren. Aber mit der richtigen Unterstützung und einem Trainer, der ein geschultes Auge für Claras Bewegungen und mein reiterliches Vermögen hatte, und mich außerdem mental ordentlich unterstützte, überwand ich auch diese Hürde.
Wir wechselten mehrmals den Stall. Zunächst, weil ich in ein anderes Bundesland zog, danach, weil die Ställe weder für mich noch für mein Pferd optimal waren. Auch das brachte uns reiterlich nicht immer nur vorwärts. Aber an Rückschläge, die uns von Zeit zu Zeit heimsuchten, hatte ich mich inzwischen gewöhnt.
Als Stute wurde Clara alle drei bis vier Wochen rossig. Anfangs maß ich ihrer Rosse keine große Bedeutung bei. Als sie jedoch wieder regelmäßig geritten wurde, zeigte sich, dass ihr Rossezyklus eine deutlich größere Rolle spielte. Die Rosse war für Clara ein äußerst schmerzhafter Prozess, in dessen Zeit sie keinen Reiter auf ihrem Rücken ertrug.
Wir arbeiteten unterstützend mit Mönchspfeffer, was ihr tatsächlich sehr half. Dennoch war es ratsam, während der Rosse mit dem Reittraining zu pausieren, auch wenn ich ihren Rücken zu diesem Zeitpunkt bereits schmerzfrei und belastbar aufgebaut hatte.
Für das Leben als Turnierpferd eignete sich Clara aufgrund ihres explosiven Temperaments während der Rosse und ihres ausgeprägten Eigensinns nur eingeschränkt. Deshalb blieb sie ein reines Freizeitpferd, mit einem bis heute dauerhaft schmerzfreien Rücken.

HINWEIS: In seltenen Fällen zeigen betroffene Pferde keinerlei Reaktion auf Druck entlang des Rückens. Dies liegt daran, dass diese Pferde den Druck bewusst aushalten und den damit verbundenen Schmerz in Kauf nehmen, um zu vermeiden, dass durch ein Absenken des Rückens ein noch größerer Schmerz entsteht.

TYPISCHE VERHALTENSWEISEN

Ist mein Pferd betroffen?

Je nach Charakter und Temperament können sich die Verhaltensweisen eines Pferdes mit Rückenschmerzen sehr unterschiedlich zeigen. Bei manchen Pferden entwickeln sich die Veränderungen schleichend und nehmen mit der Zeit zu. Andere reagieren hingegen plötzlich und explosiv, scheinbar aus dem Nichts heraus.

Auch Magenprobleme können ihre Ursache in Rückenschmerzen haben. Besteht daher der Verdacht auf Kissing Spines, sollte der Tierarzt eine Untersuchung des Magens in Betracht ziehen. Umgekehrt ist es sinnvoll, dem Rücken erhöhte Aufmerksamkeit zu schenken, wenn ein Pferd wiederkehrende Magenbeschwerden zeigt.

Typische Anzeichen beim Reiten sind:

- plötzliches scheinbar grundloses Losrennen oder Durchgehen
- Buckeln, insbesondere beim Angaloppieren
- Steigen, vor allem wenn das Pferd vorwärts getrieben wird
- hölzerne Bewegungen ohne Raumgriff, Schwung oder Vorwärtsdrang
- Stehenbleiben und die Verweigerung, weiterzugehen
- permanentes Schlagen oder Pinseln mit dem Schweif

Weitere mögliche Anzeichen sind:

- Einknicken oder Stolpern mit einem Hinterbein
- Eine unklare oder nicht eindeutig zuzuordnende Lahmheit
- Widersetzlichkeit beim Putzen des Rückens und/oder des Bauchs
- Widersetzlichkeit beim Satteln
- das Nichtstehenbleiben an der Aufstiegshilfe
- Widersetzlichkeit beim Eindecken
- ausgeprägte Wetterfühligkeit

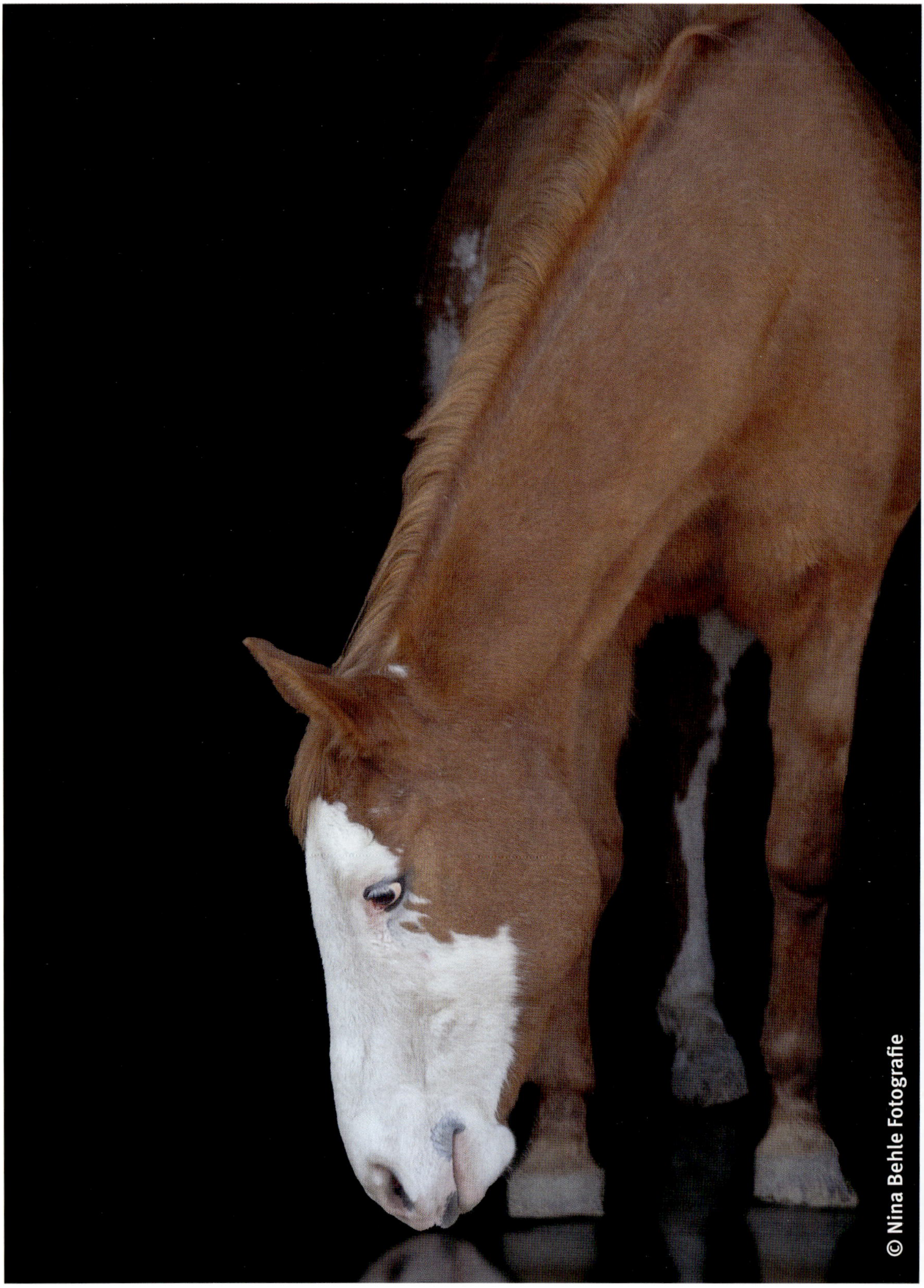
© Nina Behle Fotografie

NACH DER DIAGNOSE

Wie geht es weiter?

Ist der erste Schock verarbeitet, den die Diagnose in den meisten Fällen mit sich bringt, ist es an der Zeit sich über die Zukunft des Pferdes Gedanken zu machen und zu entscheiden welcher Weg der beste für das Pferd ist. In dieser Situation wenden sich die meisten Pferdebesitzer zunächst an den behandelnden Tierarzt und nehmen seinen Rat dankbar an, da sie mit der Diagnose oft überfordert sind.
Zu den Ratschlägen, die ich im Laufe meiner Arbeit am häufigsten gehört habe, gehören:

- drei Monate ausgebundenes Longieren
- ein Jahr lang ausschließlich Weidezeit und überhaupt keine anderweitige Bewegung
- eine Woche Bodenarbeit nach der Cortisonspritze
- Operation
- (Früh-)Rente
- Einschläfern

Die meisten dieser Ratschläge sind nicht sehr präzise und wenig hilfreich. Aber es ist auch nahezu unmöglich für einen Tierarzt, die gesamten Faktoren, die für die Schmerzfreiheit eines Kissing Spines-Pferdes von Bedeutung sind, zu erfassen und zu berücksichtigen.
Mittlerweile arbeiten aber auch viele Tierärzte und Tierkliniken mit detaillierten Trainingsplänen und empfehlen physiotherapeutische und/oder osteopathische Behandlungen zur Unterstützung.
Nach meinen Erfahrungen und meiner Überzeugung gibt es nichts, was besser und nachhaltiger hilft als ein abwechslungsreiches, ausgewogenes Training. Nur durch eine stabilisierende Muskulatur kann ein Kissing Spines-Pferd sich schmerzfrei bewegen und geritten werden. Ebenso wichtig ist ein entspanntes Umfeld, in dem sich das Pferd wohlfühlt, Sozialkontakte pflegen kann und nie über einen leeren Magen klagen muss.

ENTZÜNDUNGEN ENTFERNEN

Grundvoraussetzung für einen Muskelaufbau und damit einen kräftigeren Rücken ist, dass entzündliche Prozesse im Rücken entweder ausgeschlossen

Einfach Pferd sein dürfen. Grundbedürfnisse wie soziale Kontakte und freie Bewegung sollten täglich dazugehören.

werden können oder zumindest so gering sind, dass sie keine erheblichen Schmerzen verursachen.
Manche Besitzer versuchen, dies allein durch ein entsprechendes Training zu erreichen. Einige Pferde lassen sich tatsächlich vorbehaltlos darauf ein, beginnen wieder, ihre Rückenmuskulatur zu nutzen, ohne erst davon überzeugt werden zu müssen, dass nur eine losgelassene Rückenmuskulatur zur Schmerzfreiheit führen kann. Diese Pferde verfügen über kein ausgeprägtes Schmerzgedächtnis und lassen sich am ehesten optimal trainieren.
Andere Besitzer hingegen „stellen ihr Pferd weg“: ein Jahr lang kein Training, ausschließlich Weidegang, eventuell ergänzt durch einen gelegentlichen Spaziergang.
Diese Methode kann entzündliche Prozesse zunächst hemmen, und für viele Pferdebesitzer ist es eine verlockende Vorstellung, einfach einmal eine Pause einzulegen. Denn seien wir ehrlich: eine solche Diagnose ist frustrierend. In dieser Situation kann es vorkommen, dass sich Pferdebesitzer ausgelaugt und müde fühlen, und dass sie wütend sind – auf sich selbst und manchmal sogar auf das eigene Pferd. Das bisher gut gemeinte Training überdenken zu müssen und zu erkennen, dass möglicherweise das gesamte Management des geliebten Pferdes nicht optimal war, ist äußerst belastend. Ein Jahr lang verschnaufen zu können, sich selbst zu erholen und den eigenen Nerven eine Pause zu gönnen, klingt daher zunächst sehr reizvoll. Auch für die Psyche des Pferdes kann es eine Entlastung sein, einfach einmal eine Pause einlegen zu können.
Doch leider ist das „Wegstellen“ der denkbar schlechteste Rat. Ohne Training baut Muskulatur ab, während sich unter Umständen Fettpolster bilden. In den allermeisten Fällen verschlimmern sich die Rückenschmerzen statt sich zu verbessern, da die Wirbelsäule ohne muskuläre Stabilisierung an Halt verliert.
Um den Rückenschmerzen aktiv entgegenzuwirken und den Einstieg in ein (neues) Training zu ermöglichen, ist das Spritzen eines Entzündungshemmers die am weitesten verbreitete und effektivste Methode. Stumpfes Longieren auf einem Zirkel von 20 Metern Durchmesser führt im Anschluss jedoch nur selten zum Erfolg.
Eine dauerhafte Schmerzfreiheit bei einem schmerzhaften Pferd zu erreichen, ist in den meisten Fällen deutlich aufwändiger. Als Starthilfe kann das Spritzen eines Entzündunghemmers jedoch häufig sinnvoll und lohnenswert sein.

AUFBAU UND UMBAU

Bei Kissing Spines-Pferden fällt in der Regel zunächst eine atrophierte Rückenmuskulatur auf. Die Dornfortsätze der Brust- und Lendenwirbelsäule treten deutlich hervor, ebenso werden Widerrist und Schulterblattknorpel stärker sichtbar. Auch die Hüftbein-, Kreuz-

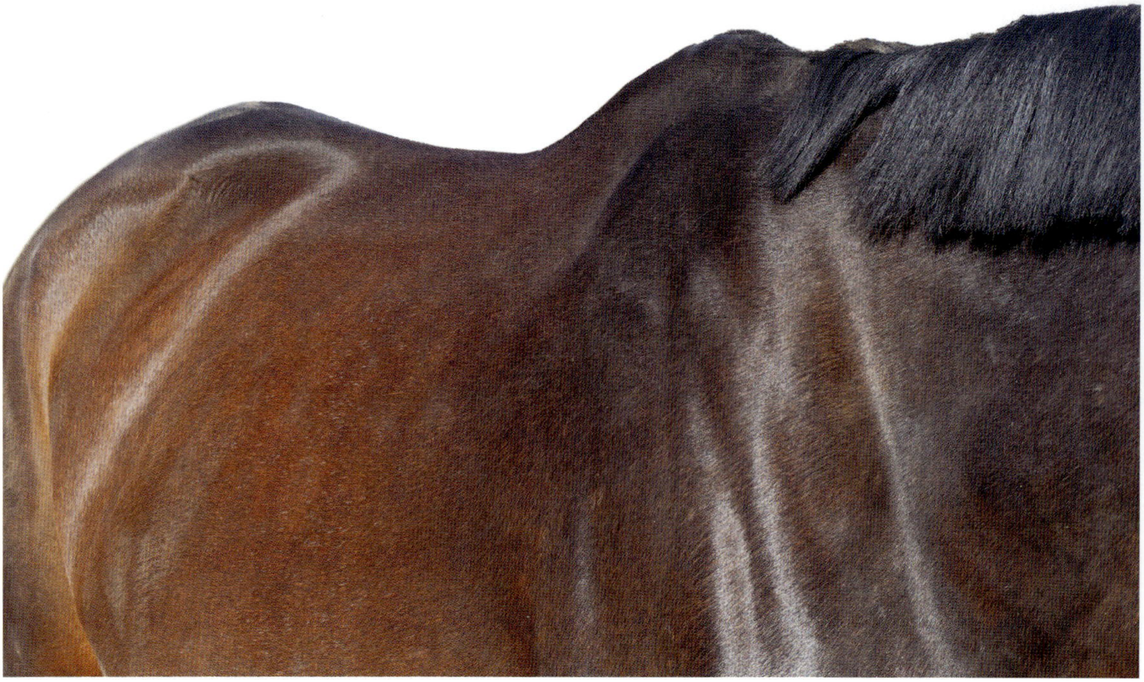

Ein kantiges Erscheinungsbild. Dieser Rücken ist nicht tragfähig. (© Nina Behle Fotografie)

bein- und Sitzbeinhöcker des Beckens zeichnen sich übermäßig ab, sodass der Pferdepo insgesamt einen kantigen Eindruck macht (siehe Foto hier oben).

Die Brust- und Bauchmuskulatur

Um dem Pferd wieder eine harmonische und kräftige Oberlinie anzutrainieren – zu der natürlich auch die Halsmuskulatur gehört –, liegt es zunächst nahe, das Augenmerk auf den Aufbau der oberflächlichen Rücken- und Kruppenmuskulatur zu legen. Genau diese Muskelgruppen stehen jedoch zu Beginn nicht im Fokus. Die Muskulatur ist nicht verschwunden, sondern hat sich lediglich zurückgebildet und verspannt. Richten wir unsere Aufmerksamkeit auf das Training der Brust-, Bauch- und Tiefenmuskulatur sowie auf eine optimale Oberlinienspannung in Dehnungshaltung mit aufgespanntem Nackenrückenband, wird die gewünschte Rücken- und Kruppenmuskulatur ganz von selbst wieder gekräftigt und gelockert. Das Pferd kann wieder losgelassen durch den Körper schwingen, und die Dornfortsätze verlieren zunehmend an Sichtbarkeit (siehe Foto Seite 29).

Warum sind Brust- und Bauchmuskulatur so wichtig?
Die Brust- und Bauchmuskeln sind im Pferd wie eine Hängematte aufgespannt.

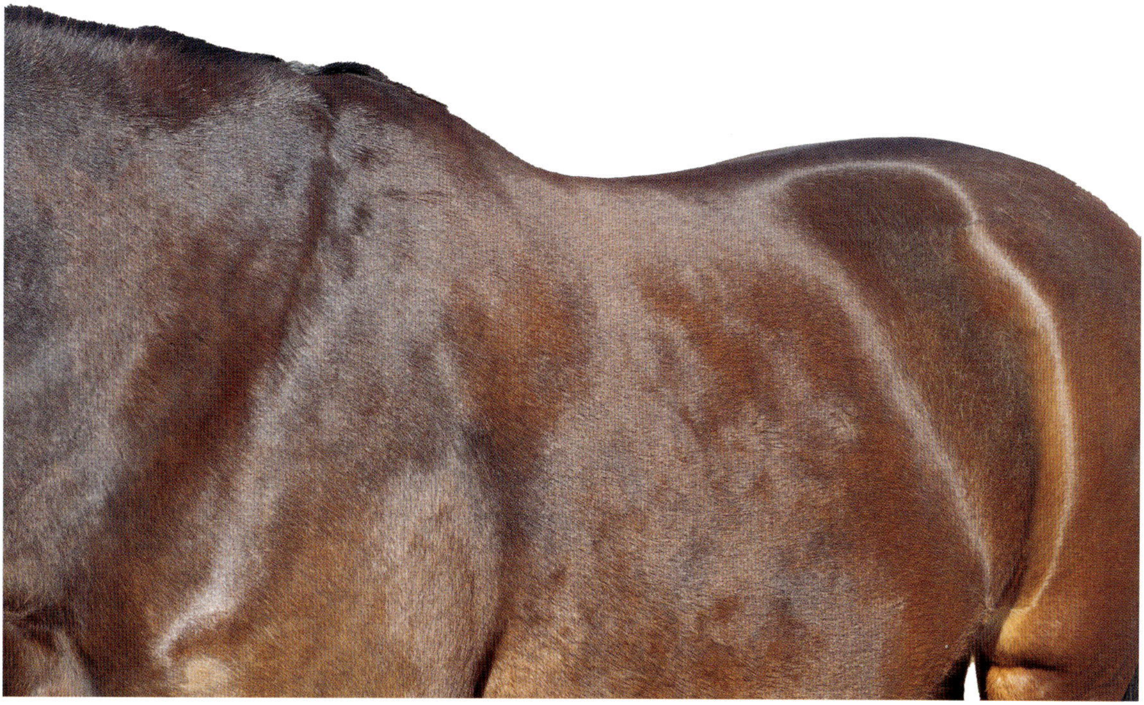

Eine harmonische Oberlinie. Die Hals-, Rücken- und Kruppenmuskeln sind sehr gut trainiert. Die Dornfortsätze sind in die Rückenmuskulatur eingebettet. (© Nina Behle Fotografie)

Sie tragen nicht nur den Rumpf und die Eingeweide, sondern sind maßgeblich an der Aufhängung des Brustkorbs zwischen den Schulterblättern beteiligt. Damit erfüllen sie bereits eine zentrale Aufgabe. Kommt zusätzlich das Gewicht eines Reiters auf den Pferderücken, müssen diese Muskeln Höchstleistungen erbringen.

Im Gegensatz zum Menschen besitzt das Pferd kein oder nur ein rudimentär ausgebildetes Schlüsselbein. Der Brustkorb wird daher ausschließlich durch Muskeln, Sehnen, Faszien und Bänder zwischen den Schulterblättern getragen. Gemeinsam mit dem unteren gezackten Muskel (*M. serratus ventralis*) bilden unter anderem die Brustmuskeln (*Mm. Pectorales*) die sogenannte thorakale Muskelschlinge. Diese fungiert als Stoßdämpfer und Puffer bei der Auffußung der Vorderbeine – besonders wichtig etwa bei der Landung nach einem Sprung – und trägt gleichzeitig den Hals. Sind diese Muskeln geschwächt, sackt der gesamte Brustkorb zwischen den Schulterblättern ab, ebenso die Wirbelsäule. Die Atmung wird erschwert, es entstehen Verschleißerscheinungen in den Vordergliedmaßen, die zudem nicht mehr kraftvoll vorwärts schwingen können. Das Nackenband verliert an Stabilität, und der Hals kann nur noch unter Schmerzen getragen werden.

Selbsttest:

Fahre mit der flachen Hand von den Vorderbeinen ausgehend entlang der Brust- und Bauchmuskulatur deines Pferdes in Richtung Hinterbeine. Fühlst du lediglich eine glatte Fläche, ist die Muskulatur deines Pferdes zu schwach. Spürst du hingegen deutliche Erhebungen, verfügt dein Pferd über eine gut ausgebildete Brust- und Bauchmuskulatur. Wäre dein Pferd ein Mensch, würde man von einem Sixpack sprechen.

Der gerade Bauchmuskel (*M. rectus abdominis*) ist der wichtigste Bauchmuskel im Pferdekörper. Er hebt und stabilisiert den Brustkorb sowie die Brust- und Lendenwirbelsäule. Während des Reitens arbeitet er permanent, um den Rücken und das Reitergewicht aktiv tragen zu können. Dadurch wölbt sich der Rücken auf, die Hinterbeine treten vermehrt unter den Körperschwerpunkt, Brustkorb und Vorderbeine werden angehoben, und die Atmung fällt leichter.
Ermüdet die Bauchmuskulatur jedoch, biegt sich die Wirbelsäule nach unten (*Lordose*). Das Nackenrückenband verliert seine positive Spannung, die Atmung wird erschwert, und die Hinterbeine fußen deutlich weniger unter.
Um also einen Reiter optimal tragen zu können, muss das Pferd seine Brust- und Bauchmuskulatur während der gesamten Reiteinheit aktiv anspannen können.
Ein langer, gemütlicher Sonntagsausritt im Schritt, bei dem sich der Reiter über Stunden vom Pferd durchs Gelände tragen lässt, ist für das Pferd nur schadlos möglich, wenn es über ausreichend kräftige Brust- und Bauchmuskulatur verfügt und gelernt hat, diese aktiv einzusetzen. Für untrainierte Pferde sind solche Ausritte auf lange Sicht hingegen der sprichwörtliche Tod auf Raten.

Die Tiefenmuskulatur

Neben der Brust- und Bauchmuskulatur konzentrieren wir uns im Training gezielt auf die Tiefenmuskulatur, auch Haltemuskulatur genannt. Wie der Name bereits andeutet, liegt diese Muskelgruppe in der Tiefe des Körpers, dicht an den Knochen und direkt an den Gelenken. Ihre Hauptaufgabe besteht in der Stabilisierung und Haltefunktion.
Zu ihr zählen unter anderem die vielen kleinen Muskeln entlang der Wirbelsäule, die Dorn- und Querfortsätze der Wirbel sowie die Rippen miteinander verbinden, wie etwa die vielästigen Muskeln (*Mm. multifidi*) und die Rippenheber (*Mm. levatores costarum*).
Eine gut trainierte Tiefenmuskulatur stabilisiert die einzelnen Wirbelkörper und damit die gesamte Wirbelsäule. Dadurch verzeiht der Rücken auch gelegentlich eine nicht optimale Körperhaltung, ohne dass sofort neue Entzündungsprozes-

Hinweis:

Das Pferd nutzt seinen Hals als natürliche Balancierstange. Nehmen wir ihm diese Möglichkeit, indem wir den Hals zum Beispiel mit Ausbindern fixieren, lernt es nicht, sich selbst auszubalancieren. In kritischen Situationen wird es später gezwungen sein, die Zügel und damit die Reiterhand zur Stabilisierung heranzuziehen.

se oder Rückenschmerzen entstehen. Darüber hinaus spielt die Tiefenmuskulatur eine entscheidende Rolle für das Gleichgewicht, da sie über deutlich mehr Nervenenden gesteuert wird als die oberflächliche Muskulatur.
Neben den Rezeptoren der Nervenbahnen, die beispielsweise Informationen an das Gehirn weiterleiten, dass das Pferd soeben auf einen Stein getreten ist und diese Unebenheit schnell ausgeglichen werden muss, um nicht zu stolpern oder gar zu stürzen, sind es die Tiefenmuskeln, die den Körper im Gleichgewicht halten. Trainieren wir das Pferd so, dass es sich selbst sicher ausbalancieren kann, fällt es ihm später deutlich leichter, zusätzlich auch den Reiter auf seinem Rücken auszubalancieren.

Eine gut trainierte Haltemuskulatur sorgt für Stabilität. (© AdobeStock/Talitha)

Das Nackenrückenband

Für die Tragfähigkeit des Rückens benötigt das Pferd außerdem ein gut aufgespanntes Nackenrückenband. Dieses Band hat seinen Ursprung am Hinterhauptbein des Pferdes. Von dort zieht es zunächst als Strang und anschließend als Nackenplatte unterhalb des Mähnenkamms bis zum Widerrist, wo es sich als Rückenband über die Dornfortsätze hinweg bis zu den Kreuzwirbeln fortsetzt. Dehnt das Pferd seinen Hals in die Vorwärts-Abwärts-Haltung, spannen sich Nacken- und Rückenband auf und stabilisieren die Wirbelsäule. Die Wirbel der Brustwirbelsäule richten sich auf, und die Dornfortsätze entfernen sich voneinander. Dadurch straffen sich die Zwischendornfortsatzbänder (*Ligg. Interspinalia*), die zwischen den Dornfortsätzen verlaufen. In der hinteren Brust- und Lendenwirbelsäule schieben sich die Wirbel durch den Zug des Rückenbands sowie durch das Gegengewicht von Becken und Hintergliedmaßen zusammen. Auf diese Weise stabilisiert das Nackenrückenband die gesamte Oberlinie des Pferdes und ermöglicht es, das Reitergewicht mit geringem Kraftaufwand und ohne Überbelastung der Gelenke der Gliedmaßen zu tragen.
Ziel des Trainings ist es daher, dass sich das Pferd in einer gesunden Vorwärts-Abwärts-Position bewegen kann – nicht nur vom Boden aus, sondern auch später unter dem Reiter.

Nebenschauplätze

Obwohl wir uns im Training eines Kissing Spines-Pferdes gezielt auf bestimmte Körperbereiche konzentrieren, benötigt das Pferd selbstverständlich einen Körper, der in seiner Gesamtheit funktionstüchtig ist. Dazu gehört, dass Zähne und Hufe gesund sind und regelmäßig gepflegt sowie kontrolliert werden, die Faszien stabil, aber nicht verklebt sind und der Sehnen- und Bandapparat optimal arbeiten kann. Auf all diese „Nebenschauplätze“ näher einzugehen, würde jedoch den Rahmen dieses Buches sprengen.
Auch auf das allgemeine Training der bereits erwähnten oberflächlichen Muskulatur gehe ich in diesem Buch nicht vertieft ein. Wie der Name bereits sagt, liegt diese Muskelgruppe direkt unter der Haut und ist daher meist gut sichtbar. Typische Vertreter sind der Trapezmuskel (*M. trapezius*), der breite Rückenmuskel (*M. latissimus dorsi*) und die Gesäßmuskulatur (*Mm. glutei*). Dabei handelt es sich überwiegend um kräftige Muskeln, die für schnelle Bewegungen zuständig sind, aber auch zur Bewegung der Gliedmaßen beitragen und in der späteren Ausbildung zum Beispiel eine relative Aufrichtung ermöglichen. Da Pferde Lauftiere sind und ihnen Bewegung im Blut liegt, trainieren sie diese oberflächliche Muskulatur zunächst nahezu von selbst – vorausgesetzt, sie werden nicht durch unpassendes Equipment und/oder eine schädliche Reitweise daran gehindert.

Ein gezielter Aufbau bestimmter Muskelgruppen, etwa zur Kräftigung der Hinterhand, um eine ausgeprägte Hankenbeugung für Galopppirouetten oder das Überwinden hoher Hinternisse zu ermöglichen, ist bei einem Pferd mit symptomatischen Kissing Spines zunächst von untergeordneter Bedeutung. Abgesehen von der Brust- und Bauchmuskulatur, denen besondere Aufmerksamkeit gilt, wird der übrige Teil der oberflächlichen Muskulatur durch das in diesem Buch beschriebene Training gegen Rückenschmerzen automatisch mittrainiert. Dieses Training reicht völlig aus, um ein Kissing Spines-Pferd muskulär so weit zu kräftigen, dass mit dem Reiten (wieder) begonnen werden kann. Erst in der späteren Ausbildung, wenn das Pferd sicher an den reiterlichen Hilfen steht und vom Basistraining in ein spezifisches Training – etwa Dressur, Springen oder Distanz – übergeht, rückt die oberflächliche Muskulatur verstärkt in den Fokus des Trainings.

MUSKULATUR BAUT NUR IM RUHEZUSTAND AUF

Was sind Muskeln? In diesem Buch geht es an vielen Stellen um das Training und den Aufbau von Muskulatur. Deshalb ist es wichtig zu verstehen, was ein Muskel überhaupt ist und wie er arbeitet. Da es sich hierbei jedoch nicht um ein Anatomielehrbuch für Veterinärstudenten handelt, halte ich die Erklärungen zu Beschaffenheit und Wirkweise von Muskeln bewusst so einfach und knapp wie möglich.

DIE MUSKELTYPEN

Grundsätzlich unterscheiden wir zwei Muskeltypen: die glatte Muskulatur und die quergestreifte Muskulatur. Die glatte Muskulatur ist nicht willkürlich steuerbar. Sie befindet sich in den inneren Hohlorganen wie Magen, Darm, Lunge und Harnwegen sowie in den Blutgefäßen. Innerviert wird sie vom vegetativen Nervensystem, das autonom lebenswichtige Körperfunktionen wie beispielsweise den Herzschlag reguliert.
Zur quergestreiften Muskulatur zählt zum einen die Herzmuskulatur, die ebenfalls vom vegetativen Nervensystem beeinflusst wird und damit nicht bewusst steuerbar ist.
Zum anderen gehört zur quergestreiften Muskulatur die Skelettmuskulatur, die die Knochen des Skeletts miteinander verbindet. Sie ist willkürlich steuerbar und kann somit bewusst beeinflusst werden. Innerviert wird sie vom somatischen Nervensystem, das für bewusste und reflexartige Bewegungen verantwortlich ist. Die Skelettmuskulatur ermöglicht Bewegung, Stabilität und Halt. Diese Muskulatur ist es, die wir trainieren können.

BESTANDTEILE UND WIRKUNG

Ein Muskel besteht, wie alle Strukturen des Körpers, aus vielen miteinander verbundenen Zellen. Diese ordnen sich zu langen Muskelfasern, die wiederum

von feinen Faszien umhüllt sind. Man spricht vom sogenannten Muskelbauch, der sich zu Ansatz und Ursprung hin verjüngt und in Sehnen übergeht. Diese Sehnen stellen die Verbindung zu den Knochen her, haften am Periost (der Knochenhaut) an und setzen die Bewegung des Skeletts in Gang.
Ein Muskel kann sich sowohl zusammenziehen als auch dehnen. Seine Befehle erhält er über das Nervensystem vom Gehirn. Um arbeiten zu können, benötigt er jedoch Energie. Diese gewinnt der Körper indirekt über die Nahrungsaufnahme, indem zugeführte Substanzen wie Kohlenhydrate, Fette und Proteine in ATP (Adenosintriphosphat – die direkte Energiequelle für die Muskelkontraktion) umgewandelt werden.
ATP wird im Körper allerdings sehr schnell wieder abgebaut. Bei sportlicher Aktivität muss dem Muskel daher kontinuierlich neues ATP zur Verfügung gestellt werden. Dafür nutzt der Organismus drei Energiesysteme (Glykolyse). Zum einen wird Glukose (Zucker) aus Kohlenhydraten in Laktat (Milchsäure) und Pyruvat (Benztraubensäure) umgewandelt und mithilfe von Sauerstoff in mehreren Phasen ATP gebildet. Zum anderen kann kurzfristig energiereiches Kreatinphosphat freigesetzt werden, das in den Muskelfasern gespeichert ist.
Wird ein Pferd also trainiert, benötigt es für den Muskelaufbau und die Kräftigung der Muskulatur ausreichend Energie, die dem Training angepasst aus verwertbarer Nahrung stammen muss. Zu Beginn reicht hierfür in der Regel energiereiches Raufutter aus. Mit zunehmender Trainingsintensität kann später eine ergänzende Gabe von Kraftfutter sinnvoll werden.

Die unterschiedlichen Fastertypen

Die Fasern der quergestreiften Muskulatur lassen sich in zwei unterschiedliche Fasertypen einteilen.
Typ-I-Fasern sind auf Dauerspannung ausgelegt. Sie sind reich an Sauerstoff und kontrahieren langsam, weshalb sie auch als langsam zuckende Fasern bezeichnet werden. Aufgrund ihres hohen Sauerstoffgehalts gelten sie als die Ausdauersportler unter den Muskelfasern. Werden sie allerdings überbeansprucht, reagieren sie mit einem erhöhten Muskeltonus, also einem gesteigerten Spannungszustand, und verspannen.
Typ-II-Fasern sind für die schnellen Bewegungen zuständig und werden daher als schnell zuckende Fasern bezeichnet. Sie enthalten weniger Sauerstoff, können dafür aber eine hohe Kraft entwickeln. Ihre Ausdauer ist jedoch gering, weshalb sie rasch ermüden.

DIE FEIERTAGSKRANKHEIT

Bei der Arbeit dieser Fasern entsteht Laktat, das nach dem Training unbedingt abgebaut werden muss, um über die Leber verstoffwechselt zu werden. Geschieht dies nicht, kommt es zu einer Übersäuerung der Muskulatur. In der Folge kann es zur Erkrankung des sogenannten Kreuzverschlags kommen, bei der ein Muskelzellzerfall auftritt, der mit starken Schmerzen und erheblichen Bewegungseinschränkungen einhergeht. Das Pferd beginnt stark zu schwitzen, kann sich kaum bis gar nicht mehr bewegen, die Muskulatur verhärtet, und der Urin färbt sich dunkelbraun bis schwarz. Daher ist es wichtig, dass nach dem Training eine ausreichende Regeneration erfolgt, beispielsweise in Form von mindestens 10 bis 15 Minuten Schrittgehen. Ausgelöst werden kann diese Erkrankung auch durch fehlendes oder kaum vorhandenes Training bei gleichzeitig hoher Energiezufuhr, etwa durch eine große Menge an Kraftfutter. Das dabei entstehende Laktat kann nicht ausreichend abgebaut werden. Aus diesem Grund wird der Kreuzverschlag auch als sogenannte „Feiertagskrankheit" bezeichnet.

RICHTIG TRAINIERT

Die trainierbare Muskulatur, also sowohl die tiefe als auch die oberflächliche Muskulatur, setzt sich aus einer Mischung von Typ-I- und Typ-II-Fasern zusammen. Jedes Pferd verfügt über beide Fasertypen, wobei das jeweilige Mischverhältnis genetisch festgelegt ist. Pferde mit einem hohen Anteil an Typ-I-Fasern eignen sich beispielsweise gut für den Distanzsport, während Pferde mit einem hohen Anteil an Typ-II-Fasern häufig im Springsport erfolgreich sind. Wird die Muskulatur im Training beansprucht, benötigt der Körper das Signal einer Überlastung, um stärker zu werden. Während des Trainings mit einem überschwelligen Reiz entstehen in den Muskeln sogenannte Mikrotraumata, also kleinste Gewebeverletzungen. Der Körper beginnt umgehend mit deren Reparatur und erhält gleichzeitig das Signal, sich gegen zukünftige Belastungen besser zu schützen. In der Folge wird das Gewebe nicht nur repariert, sondern auch verstärkt, indem die Muskelfasern an Masse zunehmen. Die Muskulatur wird dicker und widerstandsfähiger. Dieser Prozess erfolgt jedoch nicht unmittelbar, sondern erfordert eine Regenerationszeit von mindestens einem Tag. Während dieser Zeit werden die Energiespeicher wieder aufgefüllt, und es kommt zur vermehrten Ausschüttung von Wachstumshormonen. Erfolgt eine erneute Belastung zu früh, wird die Reparatur unterbrochen. Der Muskel wird geschwächt, statt sich anzupassen, und Muskelmasse baut sich ab, anstatt zuzunehmen.

Zeigt sich im Training eines Pferdes, dass die Muskulatur mit der Zeit abnimmt, anstatt kräftiger zu werden, und das Pferd insgesamt kantiger statt runder erscheint, kann dies darauf hindeuten, dass dem Körper nicht ausreichend Regenerationszeit zugestanden wird. Die überbeanspruchten Muskelpartien erhalten dann nicht genügend Zeit, um sich vollständig zu erholen.

Korrekt erarbeitet, ist das Vorwärts-Abwärts Grundlage für jedes weitere Training.
(© Nina Behle Fotografie)

DAS KORREKTE VORWÄRTS-ABWÄRTS

Das korrekte Vorwärts-Abwärts, auch Dehnungshaltung genannt, ist die Körperhaltung, die wir für das Kissing Spines-Pferd anstreben. Hat ein Pferd mit Rückenschmerzen gelernt, sich in einem kraftvollen und zugleich schwungvollen Vorwärts-Abwärts zu bewegen, ist damit der Grundstein für jedes weitere Training gelegt – unabhängig davon, ob es sich um ein Dressur-, Spring-, Distanz-, Western- oder Gangpferd handelt.
Der Begriff Dehnungshaltung enthält bereits das Wort Dehnung. Eine Dehnung entsteht durch das Aufbauen und Halten eines Spannungszustands. Spannung kann aber nur durch einen gewissen Kraftaufwand erzeugt werden. Die Dehnungshaltung ist somit ein spannungsgeladenes Bewegungsmuster, das durch einen kräftigen Schub aus der aktiven Hinterhand eingeleitet wird. Der Hals dehnt sich dabei vorwärts-abwärts, die Nase des Pferdes befindet sich vor oder an der Senkrechten und etwa auf Höhe des Schultergelenks. Gleichzeitig schwingt der Rücken aufwärts, und das Nackenrückenband spannt sich auf. Dadurch stabilisiert sich die gesamte Oberlinie.
Gelingt es dem Pferd, diese Körperhaltung in einem aktiven Gleichtakt zu

halten, kann es jene Strukturen aufbauen und nutzen, die es als Reitpferd und für spätere Lektionen benötigt. Zudem findet es seinen eigenen Rhythmus sowie die nötige Balance, um später auch den Reiter auf seinem Rücken auszubalancieren.

ÜBUNGEN IM ÜBERBLICK

Bis zu diesem Kapitel fühlen sich einige Leser möglicherweise von der Vielzahl an Informationen und Denkanstößen etwas erschlagen. In der Theorie wirkt das Training eines Kissing Spines-Pferdes komplex, in der Praxis ist es jedoch gut umsetzbar. Allerdings führt kein Weg daran vorbei, sich aktiv mit der Anatomie und dem Training des eigenen Pferdes auseinanderzusetzen, gewohnte Denkweisen zu hinterfragen und neue Ansätze zuzulassen. Genau dazu soll dieser Ratgeber anregen. Einige der folgenden Übungen mögen zunächst banal klingen, erweisen sich jedoch als äußerst wirkungsvolle Trainingsmethoden. Sie entschleunigen nicht nur den Trainingsalltag, sondern helfen dem Pferd, neue Bewegungsmuster zu erlernen. Das Pferd gibt stets das Tempo vor – schließlich ist es das Pferd, das seinen Körper neu koordinieren und „neu laufen“ lernen muss.

SPAZIERGÄNGE

Spaziergänge sind ein einfacher, aber äußerst wertvoller Einstieg in das Training. Zunächst erfolgt die Bewegung auf ebenem Untergrund mit dem Fokus auf ein fleißiges Schritttempo. Wichtig ist dabei, dass das Pferd seinen eigenen Rhythmus findet und die Hufe gleichmäßig aufsetzt. Besonders gut eignet sich hierfür eine befestigte Straße, da sich der gleichmäßige Hufschlag akustisch gut überprüfen lässt.
Funktioniert dies zuverlässig, können Tempounterschiede eingebaut werden. Dabei wird bewusst zwischen betont flottem und betont langsamem Schreiten gewechselt, stets bei durchhängendem Strick oder Zügel. Das Pferd passt sich dabei dem Tempo des Menschen an, was nicht nur die Aktivität der Hinterhand und die Balance fördert, sondern auch die Aufmerksamkeit des Pferdes auf den Menschen lenkt. Hat das Pferd diese Übung verstanden, reagiert es zunehmend auf die Körpersprache. Das macht Tempoänderungen ohne den Einsatz der Gerte oder ein Zurückhalten über Strick oder Zügel möglich.
Die eigene Körpersprache spielt hierbei eine zentrale Rolle. Soll das Pferd

Achtung:

Die treibende Hilfe kommt immer von hinten.
Um das Pferd zu einem fleißigeren Mitschreiten zu animieren, sollte kein Zug am Strick oder Zügel entstehen. Stattdessen kann die Gerte als verlängerter Arm genutzt werden, um die Hinterhand leicht anzutippen.

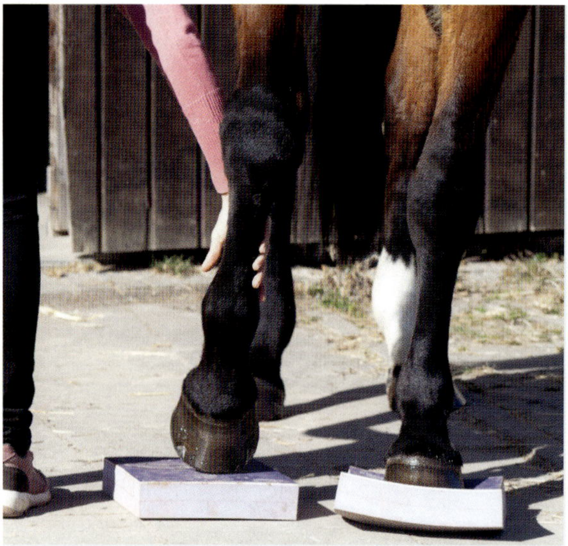

Die Beanspruchung von Muskeln, Sehnen und Bändern auf Balancepads ist nicht zu unterschätzen. (© Nina Behle Fotografie)

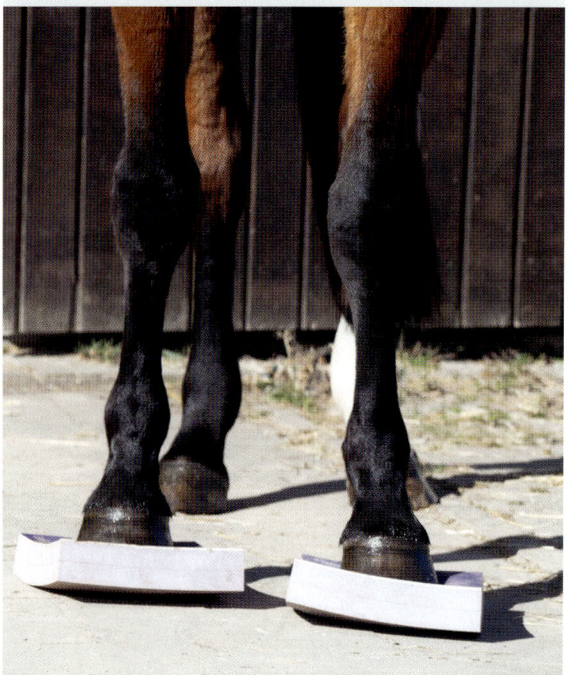

Gut zu erkennen: Das Pferd belastet sein linkes Vorderbein deutlich stärker als das rechte. (© Nina Behle Fotografie)

zu einem fleißigeren Schritt animiert werden, hilft es, sich selbst aufzurichten und Körperspannung aufzubauen, bevor das Tempo erhöht wird. Soll das Pferd langsamer werden, kann ein bewusstes Ausatmen, ein leichtes Entspannen des eigenen Körpers sowie ein ruhigerer Bewegungsablauf unterstützend wirken. Pferde nehmen diese feinen Signale schnell wahr und passen sich entsprechend an.

Eine weitere Steigerung ist die Bewegung auf unebenem Untergrund, etwa auf Feldwegen oder bei einem Spaziergang durch den Wald. Dies fördert sowohl die Balance als auch die Konzentration des Pferdes. Besonders sinnvoll ist es, kleine umgestürzte Baumstämme oder natürliche Bodenunebenheiten einzubeziehen, über die das Pferd bewusst treten darf. Der meist leicht federnde Waldboden schont dabei die Gelenke. Spaziergänge sollten regelmäßig in das Training integriert werden. Neben ihrem positiven Trainingseffekt tragen sie in hohem maße zum körperlichen und psychischen Wohlbefinden des Pferdes bei.

Balancepads

Balancepads sind ein nützlicher Zusatz zur Sensibilisierung der Nervenrezeptoren und zum Aufbau der Koordination, insbesondere der Tiefenmuskulatur. Balancepads haben einen ähnlichen Effekt wie das Laufen über unebenen Boden. Die Pads sind in unterschiedlichen Härtegraden erhältlich. Je weicher das Pad ist, desto stärker muss sich das

Pferd ausbalancieren und entsprechend muskulär arbeiten.
Zu Beginn wird ein einzelnes Pad unter einen Vorder- oder Hinterhuf gelegt. Der Huf wird dabei mittig auf dem Pad positioniert, sodass das Bein in seiner natürlichen Standposition senkrecht unter dem Pferdekörper stehen kann. Bleibt das Pferd ruhig und gelassen auf dem Pad stehen, können nach und nach weitere Pads unter den anderen Hufen ergänzt werden. Wichtig ist, dass das Pferd stets entspannt bleibt und freiwillig auf dem Pad beziehungsweise den Pads steht. Dies ist eine Frage des Trainings. Je ausbalancierter ein Pferd ist, desto leichter fällt es ihm auf den Pads zu stehen. Standzeiten von wenigen Sekunden bis hin zu fünfzehn Minuten sind möglich und sinnvoll.
Steht das Pferd mit beiden Vorderbeinen jeweils auf einem Pad, kann der Schwierigkeitsgrad weiter erhöht werden, indem wir das Pferd für wenige Sekunden leicht hin und her schaukeln. Dazu stellen wir uns seitlich neben das Pferd, umfassen den Widerrist mit einer Hand und schieben diesen langsam und behutsam von uns weg, um ihn anschließend ebenso sanft wieder zu uns heranzuziehen. Dabei ist darauf zu achten, dass das Pferd nur so weit hin und her geschaukelt wird, dass es abwechselnd mal mehr Gewicht auf das rechte, mal auf das linke Vorderbein verlagert, beide Hufe jedoch stets sicher auf den Pads stehen bleiben. Die Balance darf dabei nicht verloren gehen.

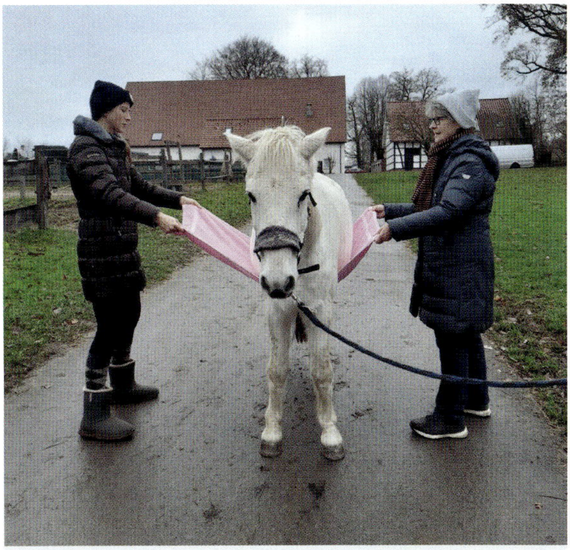

Die Handtuchübung ist die sanfteste Methode, um den Rücken in Bewegung zu bringen. (© Sabine Köhler)

Handtuchübung

Für diese Übung positionieren sich zwei Personen links und rechts des Pferdebauchs, mit Blick zum Bauch. Ein Badehandtuch wird unter dem Bauch hindurchgeführt, sodass jede Person ein Ende des kurzen Saums in den Händen hält. Das Handtuch wird unter dem Bauch, mit Kontakt zu diesem, leicht auf Spannung gebracht, vergleichbar mit einer Hängematte, und anschließend beginnen beide Personen, synchron vor- und zurückzuwippen. Durch dieses rhythmische Straffen und Nachgeben gerät der Rücken des Pferdes sanft in Bewegung. Pferde, die unter Rückenschmerzen leiden oder Schmerzen erwarten, können durch diese feinen Mikrobewegungen Vertrauen fassen und mit der Zeit ihre Rückenmuskulatur entspannen. Die Handtuchübung kann

daher ein erster Schritt sein, um wieder eine losgelassene Bewegung im Rücken zu ermöglichen.
Wie bei jeder Übung ist auch hier genau auf die Reaktionen des Pferdes zu achten. Pferde mit Gurtzwang oder einer generellen Berührungsempfindlichkeit im Bauchbereich können sich anfangs vor dem ungewohnten Kontakt mit dem Handtuch erschrecken. In diesem Fall sollte die Übung besonders behutsam und ohne Zwang aufgebaut werden.

Leckerliübung

Leckerlis eignen sich nicht nur zur Belohnung, sondern können gezielt eingesetzt werden, um die gesamte Oberlinie des Pferdes zu dehnen und zu mobilisieren.
Das Leckerli wird zunächst so vor das Pferd gehalten, dass es danach mit dem Maul greifen möchte. Anschließend wird es zur Brust geführt, zwischen die Vorderbeine, jeweils rechts und links zur Schulter, weiter zum Bauch und zur Flanke. In der Regel folgt das Pferd den Bewegungen, da es das Leckerli erreichen möchte – und dieses sollte es im Anschluss auch erhalten. Ebenso kann das Leckerli in einem gewissen Abstand gerade vor das Pferd gehalten werden, sodass es den Hals nach vorne streckt, ohne ihn anzuheben oder abzusenken. Diese Übung ist simpel und lässt sich problemlos in den täglichen Umgang integrieren.
Wichtig ist, dass das Pferd dabei ausschließlich Kopf und Hals bewegt und

Dehnung der gesamten Oberlinie.

Dehnung der rechten Körperhälfte. Gleichzeitig wird die linke Halsmuskulatur maximal komprimiert.

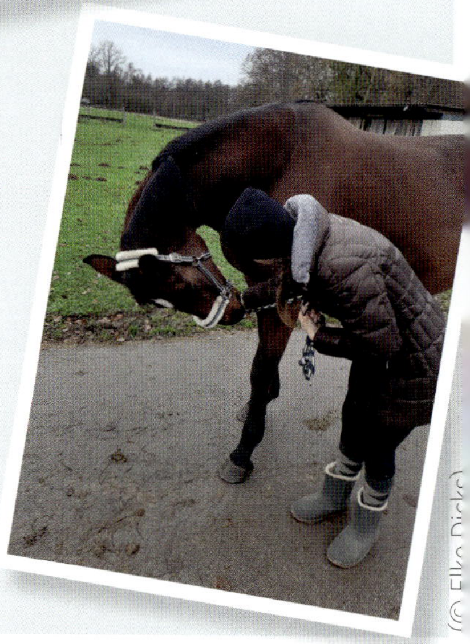
Maximale (Über-) Dehnung des Nackenrückenbands.

(© Elke Dicks)

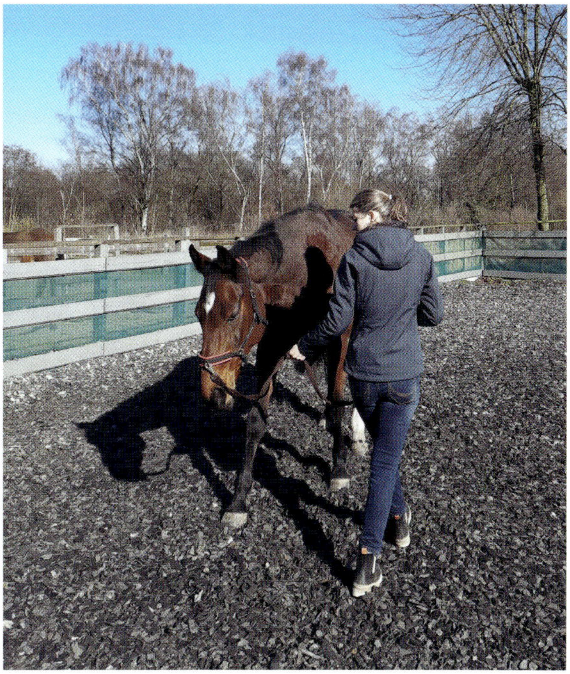

Das Rückwärtsrichten kann auf beiden Seiten durchgeführt werden. (© Nadine Dicks)

keinen Ausfallschritt macht, um an das Leckerli zu gelangen. Ebenso darf kein zusätzlicher Druck ausgeübt werden, etwa durch Schieben oder Drücken am Kopf oder Hals, um eine stärkere Dehnung zu erzwingen. Das Pferd dehnt sich nur so weit, wie es dazu in der Lage ist – und genau das ist gewünscht. Bei regelmäßiger Durchführung wird die Muskulatur mit der Zeit elastischer, und das Pferd gewinnt an Beweglichkeit.

Rückwärtsrichten

Das Rückwärtsrichten bringt nicht nur den Rücken, sondern auch die Hinterhand in Bewegung und wirkt mobilisierend. Zu Beginn reichen zwei bis drei Schritte, die nach und nach auf bis zu zehn Schritte gesteigert werden können, möglichst auf gerader Linie. Dabei sollte der Kopf des Pferdes auf Höhe des Buggelenks bleiben. Ein hilfreicher Tipp ist, diese Übung nicht ausschließlich von der linken (vermutlich gewohnten) Seite auszuführen. Ein gelegentlicher Seitenwechsel auf die rechte Seite erhöht den Schwierigkeitsgrad, insbesondere wenn das Pferd es nicht gewohnt ist auf der rechten Seite geführt zu werden. Außerdem wird durch das Führen auf der rechten Seite die andere Gehirnhälfte angesprochen und damit als positiver Nebeneffekt die geistige Beweglichkeit gefördert. Fällt dem Pferd das gerade Rückwärtstreten schwer, kann es helfen, die Bande der Reithalle oder des Reitplatzes als optische und räumliche Begrenzung in das Training zu integrieren.

Equikinetic: Eine einfache, aber effektive Methode, um die Tiefenmuskulatur zu trainieren. (© Nina Behle Fotografie)

Equikinetic

Michael Geitner hat mit der Equikinetic eine Trainingsmethode entwickelt, die gezielt und wirkungsvoll zum Aufbau der Tiefenmuskulatur beiträgt. Der Ablauf ist einfach und klar strukturiert, setzt jedoch ein gutes Verständnis für die korrekte Haltung, Stellung und Biegung des Pferdes voraus. Um diese Methode korrekt anwenden zu können und ein geschultes Auge für die korrekte Stellung und Biegung des Pferdes zu entwickeln, empfiehlt es sich, gemeinsam mit dem eigenen Pferd einen Einführungskurs bei einem lizenzierten Equikinetic-Trainer zu absolvieren. Ergänzend bietet auch das von Michael Geitner veröffentlichte Buch eine hilfreiche Unterstützung zum Verständnis und zur praktischen Umsetzung.

Freie Bewegung

Die freie Bewegung dient weniger dem gezielten Aufbau der zuvor beschriebenen Muskelgruppen, sondern vielmehr dazu, dem Pferd „den Kopf freizumachen". Zusätzlich wirkt sie positiv auf das Herz-Kreislauf-System.
Während jedes Auf- oder Umbautrainings wird vom Pferd erwartet, sich in einer gewissen Körperhaltung zu bewegen. In der freien Bewegung, darf es sich hingegen so bewegen, wie es möchte. Auch Buckler sind in diesem Rahmen

erlaubt. Das bedeutet allerdings nicht, dass das Pferd von einem Menschen durch die Reithalle gescheucht wird, um Adrenalin freizusetzen und angestauten Stress abzubauen, etwa indem es mit einem abrupten Halt vor der Bande stoppt oder aufgrund überhöhten Tempos in der Kurve ins Straucheln gerät. Je kontrollierter sich das Pferd bewegt, desto besser.

Zwei Grundregeln gilt es einzuhalten: Erstens sollte vor der freien Bewegung im Trab, Galopp oder Tölt eine Aufwärmphase von fünfzehn bis zwanzig Minuten im Schritt eingehalten werden. Diese Zeit braucht die Synovia, die Gelenkschmiere, um sich optimal als Puffer in und um die Gelenke zu legen. Gleichzeitig erhalten Sehnen und Bänder ausreichend Zeit, elastisch und beweglich zu werden. Auf diese Weise wird das Risiko für vorzeitige Arthrose und Sehnenschäden deutlich reduziert.

Zweitens sollte nach der freien Bewegung eine Regenerationsphase von zehn bis fünfzehn Minuten im Schritt erfolgen. In dieser Zeit kann das in den beanspruchten Muskeln entstandene Laktat abgebaut werden, wodurch weiteren gesundheitlichen Problemen vorgebeugt wird.

Achtung: Da sich das Pferd in der freien Bewegung in der Reithalle oder auf einem gesicherten Reitplatz nur eingeschränkt kontrollieren lässt, entstehen gerade in dieser Phase – trotz sorgfältiger Aufwärmphase – am häufigsten Verletzungen.

Empfehlung:

Buckeln, Steigen und unkontrolliertes Losrennen erlaube ich Clara ausschließlich in der freien Bewegung und auf der Weide oder dem Paddock. Während der konzentrierten Arbeit mit mir erlaube ich dieses Verhalten nicht – auch nicht an der Longe. Da Clara ihre Rückenschmerzen unter dem Reiter durch heftiges Buckeln gezeigt hat, musste sie lernen, sich während der Arbeit angemessen zu verhalten. Dadurch habe ich erreicht, dass sie kein für mich gefährliches Verhalten mehr zeigt.

Steht keine Möglichkeit zur freien Bewegung zur Verfügung und kann freie Bewegung nur an der Longe erfolgen, sollten unerwünschte Bewegungsmuster ausschließlich ohne Sattel erlaubt werden. Sobald der Sattel auf dem Rücken liegt, sind Steigen, Buckeln und unkontrolliertes Losrennen nicht mehr erlaubt. Auf diese Weise wird der Sattel mit den Bewegungen verknüpft, die wir uns später auch beim Reiten wünschen.

Die Vorgehensweise, um unerwünschtes Verhalten vom Boden aus zu unterbinden, ist sehr individuell und richtet sich danach, worauf das jeweilige Pferd reagiert.
Clara reagiert beispielsweise sehr deutlich auf die Stimme. Ein lautes „Nein“ in Verbindung mit dem Verkürzen der Longe irritierte sie so, dass ich das Buckeln zuverlässig unterbrechen konnte.

Gymnastizierende Arbeit an der Hand, Seitengänge und mehr

Die gymnastizierende Arbeit an der Hand zählt zur Bodenarbeit und fördert die Kommunikation zwischen Pferd und Reiter. Sie trägt zur Verfeinerung der Hilfengebung bei und unterstützt die Losgelassenheit des Pferdes in hohem Maße. Je nach Übung können sowohl die tiefe als auch die oberflächliche Muskulatur gezielt gekräftigt werden. Es gibt zahlreiche Trainer und Lehrbücher, die sich mit der Bodenarbeit befassen und fundiertes Wissen vermitteln.

Seitengänge an der Hand zu erarbeiten ist nicht einfach und nicht jedes Seitwärts ist ein Seitengang. (© Nina Behle Fotografie)

Unterstützung zu diesem Thema in Anspruch zu nehmen, ist sehr empfehlenswert, da einige Übungen für ein Kissing Spines-Pferd zu Beginn noch zu anspruchsvoll sein können. Übungen wie Schenkelweichen oder Schulterherein können die Mobilität fördern und sind oft gut geeignet. Eine Vorhandwendung wird von temperamentvollen Pferden hingegen anfangs häufig gerne sehr übereilt ausgeführt und kann dadurch eine starke Biegung erzeugen, die bei manchen Kissing Spines-Pferden Schmerzen verursacht.
Arbeit in starker Stellung und Biegung kann den Rücken überfordern und – ähnlich wie dauerhaftes Longieren auf dem Zirkel – erneute Rückenschmerzen auslösen.
Aufgrund der Komplexität der Krankheit ist es daher sinnvoll, Pferd und Besitzer individuell zu betrachten und gemeinsam mit einem Trainer vor Ort zu entscheiden, welche Übungen dem Pferd vom Boden aus guttun und förderlich sind und welche gegebenenfalls erst zu einem späteren Zeitpunkt in das Training integriert werden sollten.

Longieren

Longieren ist für den Aufbau von Muskulatur und Kondition grundsätzlich unverzichtbar. Obwohl ich die FN-Ausbildungsskala schätze, empfehle ich bei Kissing Spines-Pferden kein klassisches Longieren nach FN-Richtlinien, bei dem ein ausgebundenes Pferd auf einem festen Zirkel läuft.

Pferden mit Rückenschmerzen fällt die Bewegung auf einem Zirkel in der Regel sehr schwer. Häufig zeigen sie dabei Taktfehler oder versuchen, sich dieser Bewegung zu entziehen. Werden sie ausgebunden, nutzen sie – wie bereits beschrieben – die Ausbinder notgedrungen als Balancierhilfe anstelle ihres Halses. Die Rückenmuskulatur spannt sich dadurch dauerhaft an, anstatt locker mitzuschwingen. Der Rücken federt eher nach unten als nach oben.

Erhält der Hals als natürliche Balancierstange des Pferdes hingegen die Freiheit, sich selbstständig zu bewegen, läuft das Pferd zu Beginn des Longentrainings meist nicht in der gewünschten Vorwärts-Abwärts-Haltung. Der Kopf kann zu hoch getragen werden, die Nase über den Boden streifen oder das Pferd stellt sich nach innen oder außen. Dieses Verhalten ist zunächst vollkommen normal und unproblematisch, denn das Pferd muss erst einmal lernen, sich selbst auszubalancieren – und das benötigt Zeit.

Viele Pferde haben im Laufe ihrer Reitpferdekarriere eine Form erlernter Hilflosigkeit entwickelt. Ohne äußere Hilfen wie Ausbinder oder Zügel wissen sie nicht, wie sie sich in der Arbeit mit dem Menschen eigenständig bewegen sollen. Sich selbst auszubalancieren bedeutet für sie, sich auf die Ausbinder oder Zügel zu verlassen. Wird ihnen diese Stütze genommen, müssen sie neue Strategien entwickeln, um das Gleichgewicht zu halten. Genau dieser Prozess ist das Trainingsziel. Ähnlich wie ein Kind beim Laufenlernen nutzt das Pferd seinen gesamten Körper zur Stabilisierung, sobald der Mensch eine Bewegung von ihm fordert, die ungewohnt und anstrengend ist. Da kann es passieren, dass die Beine mal einen Auswärtsschritt machen oder der Kopf nach außen, nach innen, nach oben oder zur Brust wandert. Für den Longenführer ist dies oft schwer auszuhalten, da er das Idealbild des sich gleichmäßig im Vorwärts-Abwärts bewegenden Pferdes im Kopf hat, von dem das Kissing Spines-Pferd anfangs meist noch weit entfernt ist. Mit zu-

Für die korrekte Ausführung der Übungen und zur Überprüfung des Trainingsfortschritts kann ein Trainer enorm hilfreich sein.
(© Nina Behle Fotografie)

nehmendem Training und verbessertem Gleichgewicht findet das Pferd jedoch allmählich in die optimale Vorwärts-Abwärts-Position. Ist es in der Lage, sich selbst auszubalancieren, kann es später auch den Reiter auf seinem Rücken deutlich leichter ausbalancieren. Stehen für das Training eine komplette Reithalle oder ein Reitplatz zur Verfügung, sollten diese Möglichkeiten genutzt werden. Die Geradeausbewegung fällt dem Pferd deutlich leichter, als sich dauerhaft in Stellung und Biegung auf dem Zirkel zu bewegen. Der angenehme Nebeneffekt: Diese Form des Longierens verbessert auch die Kondition des Longenführers.

Alle Gangarten sind erlaubt und erwünscht. Wie beim Spazierengehen lassen sich an der Longe wunderbar Tempounterschiede innerhalb einer Gangart einbauen. Diese fördern die Reaktions- und Koordinationsfähigkeit und aktivieren die Hinterhand.
Auch Übergänge spielen in der Longenarbeit eine wichtige Rolle. Für die Beweglichkeit des Rückens sind Schritt-Galopp- und Trab-Galopp-Übergänge am effektivsten. Während sich der lange Rückenmuskel im Schritt und Trab beidseitig im Wechsel an- und entspannt, arbeitet er im Galopp beidseitig synchron. Beim Übergang zwischen diesen

Für die Rückentätigkeit sehr effektiv: Galoppübergänge. (© Nina Behle Fotografie)

Gangarten muss sich der Muskel anpassen, wird dadurch flexibler, beweglicher und langfristig kräftiger.
Zur Steigerung des Schwierigkeitsgrads können nach und nach Hindernisstangen integriert werden. Das Verletzungsrisiko sinkt, wenn statt herkömmlicher Holz- oder Kunststoffstangen Schaumstoffgassen aus der Equikinetic verwendet oder die Stangen leicht erhöht aufgelegt werden, etwa auf den bekannten „Lilla" Töpfchen von Ikea.
Schaumstoffgassen haben allerdings leider den Nachteil, dass etliche Pferde recht schnell herausfinden, dass ein Drauftreten keine negativen Konsequenzen hat. Meine Stute überquert die Gassen zum Beispiel drei bis vier Mal korrekt, danach beginnt sie dann jedoch, draufzutreten oder sie zu verschieben wie Mikadostäbchen. Dennoch eignen sich die Gassen gut als Einstieg in die Stangenarbeit. Für den Anfang reicht es vollkommen, wenn das Pferd drei bis vier Mal korrekt über die Gassen schreitet oder tritt.
Wer direkt mit klassischen Hindernisstangen arbeiten möchte, profitiert von leicht erhöht liegenden Stangen, da diese bei Berührung nachgeben oder wegrollen können. Ich habe leider schon Pferde erlebt, die sich während der Stan-

Es braucht Zeit das korrekte Vorwärts-Abwärts an der Longe zu erarbeiten. (© Nina Behle Fotografie)

genarbeit einen Sehnenschaden zugezogen haben, weil sie auf eine direkt am Boden liegende Stange getreten sind, die weder wegrollen noch nachgeben konnte.

Je nach Veranlagung und Ausbildungsstand fällt es manchen Pferden leichter, die Beine zu heben, als anderen. Auch die Motivation und wie viel Spaß sie an diesem Training entwickeln, variiert stark. Während einige Pferde große Freude an der Stangenarbeit zeigen, bleiben andere eher zurückhaltend. Empfehlenswert ist ein Einstieg mit zunächst einer einzelnen Stange im Schritt und Trab auf gerader Linie, der nach Bedarf erweitert werden kann. Wichtig ist dabei stets, darauf zu achten, den Rhythmus beizubehalten und eine gleichmäßige, flüssige Bewegung zu fördern.

Stangenarbeit ist allerdings nicht zu unterschätzen, da sie sehr anstrengend ist. Häufig zeigen Pferde bereits nach wenigen Runden auf jeder Hand Ermüdungserscheinungen. Sie werden unkonzentriert, lassen die Hufe schleifen oder stolpern. Ist das der Fall sollten wir das Pferd noch einmal bewusst und fleißig über die Stange(n) treten lassen und die Übung anschließend beenden. Ein kurzer Galopp auf jeder Hand lockert die Muskulatur, danach empfiehlt es sich, die Trainingseinheit zu beenden.

Gerade in der Stangenarbeit nutzt das Pferd seinen Hals intensiv, um die Balance zu finden. Hebt es anfangs bei Übertreten der Stange den Kopf an oder stockt

Info:

Im Trab wird vor allem die Rumpfmuskulatur angesprochen, im Galopp insbesondere die Bauchmuskulatur. Der Galopp ist zudem die effektivste Gangart für das Training des Herz-Kreislauf-Systems und unterstützt eine tiefe, freie Atmung bis in die unteren Atemwege und die Bronchien.

Sich auf gebogener Linie zu bewegen fällt allen Pferden anfangs schwer. (© Nina Behle Fotografie)

kurz in der Bewegung, ist dies vollkommen natürlich. Daher sollte das Training zunächst mit nur einer Stange auf gerader Linie beginnen. Mit zunehmender Koordination, Kraft und Beweglichkeit findet das Pferd schließlich von selbst in die Tiefe und überwindet die Stange mit einer positiven Oberlinienspannung. Hat das Pferd im Schritt und Trab über mehrere Stangen einen stabilen Rhythmus gefunden, können wir noch einen Schritt weiter gehen und Cavalettis in die Longenarbeit mit einbauen. Der Einstieg erfolgt dabei genauso wie bei den Hindernisstangen: zunächst mit einem einzelnen Cavaletti auf gerader Linie, anschließend je nach Ausbildungsstand des Pferdes in gesteigerter Form. Cavaletti können sowohl im Trab als auch im Galopp eingesetzt werden.

Arbeit an der Doppellonge

Die Arbeit an der Doppellonge ist eine hervorragende Ergänzung zur klassischen Longenarbeit. Mit ihr können wir grundsätzlich alle Inhalte erarbeiten, die auch an der einfachen Longe möglich sind. Darüber hinaus erlaubt sie eine deutlich feinere Hilfengebung, erleichtert das Erarbeiten von Biegung und Stellung nach innen und außen und macht Handwechsel klarer und flüssiger. Da für die Arbeit an der Doppellonge in der Regel ein Longiergurt benötigt wird, ist es besonders wichtig, die Signale des Pferdes aufmerksam zu beobachten. Verknüpft das Pferd das Auflegen von Schabracke oder Unterlage und Longiergurt noch mit Schmerzen, sollte die Arbeit an der Doppellonge auf einen späteren Zeitpunkt verschoben werden. Erst wenn das Pferd gelernt hat, dass Materialien auf dem Rücken nicht zwangsläufig Schmerzen bedeuten, ist diese Trainingsform sinnvoll einsetzbar. Hinzu kommt, dass das Handling der Doppellonge anspruchsvoll ist. Daher empfehle ich, diese Arbeit zunächst unter Anleitung eines erfahrenen Trainers und mit einem gut ausgebildeten Lehrpferd zu erlernen, bevor sie mit dem eigenen Pferd umgesetzt wird.

Die Arbeit an der Doppellonge will gelernt sein.
(© AdobeStock/Fotema)

DAS WOHLBEFINDEN STEIGERN

Sich im eigenen Körper wohl zu fühlen, ist nicht nur für uns Menschen wichtig, sondern ebenso für unsere Pferde. Zwar tragen die zuvor beschriebenen Übungen bereits zur Lockerung und Mobilisation bei und fördern damit ein angenehmeres Körpergefühl, ihr Schwerpunkt liegt jedoch auf dem Training, sodass sie in der Regel mit Anstrengung verbunden sind.

Die folgenden Übungen steigern gezielt das Wohlbefinden des Pferdes. Körper und Geist dürfen zur Ruhe kommen, indem bestimmte Muskelpartien der oberflächlichen Muskulatur entspannt werden, die bei Kissing Spines-Pferden häufig zu Verspannungen neigen. Die Übungen helfen zudem dabei, Muskelverhärtungen und Dysbalancen zu erkennen und gegebenenfalls selbst zu lösen.

Im gesamten Umgang mit dem Pferd ist es selbstverständlich unerlässlich, aufmerksam auf alle Reaktionen und Verhaltensweisen zu achten. Eine sensible Kommunikation zwischen Pferd und Mensch bildet die Grundlage für eine positive Entwicklung und eine vertrauensvolle Beziehung. Für die folgenden Übungen gilt dies in besonderem Maße. Wir müssen in der Lage sein, zwischen Wohlbefinden und Entspannung auf der einen sowie Stress oder Schmerz auf der anderen Seite zu unterscheiden. Außerdem sind eine ruhige Umgebung und

Hinweis:

Alle in diesem Buch beschriebenen Übungen und Trainingsansätze orientieren sich stets am aktuellen Bewegungsvermögen des Pferdes. Das Pferd wird dort abgeholt, wo es physisch und psychisch steht. Es wird bewusst nicht mit Hilfsmitteln wie Körperbandagen, Stäbchen oder gar Hufauskratzern zur Druckausübung gearbeitet, ebenso wenig mit menschlicher Kraft. Solche Mittel zwingen das Pferd in Bewegungen und Körperhaltungen, die es nicht freiwillig einnimmt und die aufgrund von Schmerzen, Muskelverkürzungen oder Blockaden möglicherweise nicht umsetzbar sind.

Ein Mensch kann seinem Therapeuten mitteilen, wann eine motorische Grenze erreicht ist oder Schmerzen auftreten. Ein Pferd kann dies nicht. Deshalb werden Körperhaltung und Beweglichkeit niemals erzwungen, sondern stets im eigenen Tempo des Pferdes erarbeitet und verbessert.

ausreichend Zeit entscheidend. In einer lauten, hektischen Atmosphäre und bei einem Pferdebesitzer, der gedanklich bereits bei seinem nächsten Termin ist, kann kein Pferd entspannen.

Anzeichen von Wohlbefinden und Entspannung können sein:

- Ein entspanntes Maul (keine Falten sichtbar, die Unterlippe hängt locker)
- Kauen, Lecken oder Gähnen
- tiefes Ein- und Ausatmen
- halb bis ganz geschlossene Augen
- Flatulenz (Entweichen von Verdauungsgasen)
- Ruhestellung oder Entlastung eines Hinterbeins

Anzeichen für Stress oder Schmerzen können sein:

- Ausweichen vor Berührung oder der Versuch, sich der Übung zu entziehen
- allgemein unruhiges Verhalten
- ein zusammengepresstes Maul (Faltenbildung, angespannte, feste Lippen)
- harte oder verhärtete Muskelpartien
- Ohren anlegen, Schnappen oder Treten
- weit aufgerissene Augen

Kann oder möchte sich das Pferd nicht auf eine Übung einlassen, sollte zunächst die Intensität reduziert werden. Ungewohnte Reize können Skepsis

Gähnen kann sowohl ein Zeichen für Entspannung oder Müdigkeit als auch eine Reaktion auf Stress sein.

(© AdobeStock/ Mariska)

Wohlbefinden: geschlossene Augen, gesenkter Kopf.

(© Corinna Dicks)

Hier ist ein deutliches Unwohlsein erkennbar.

(©AdobeStock/ Melani)

Knochen im Pferdekörper

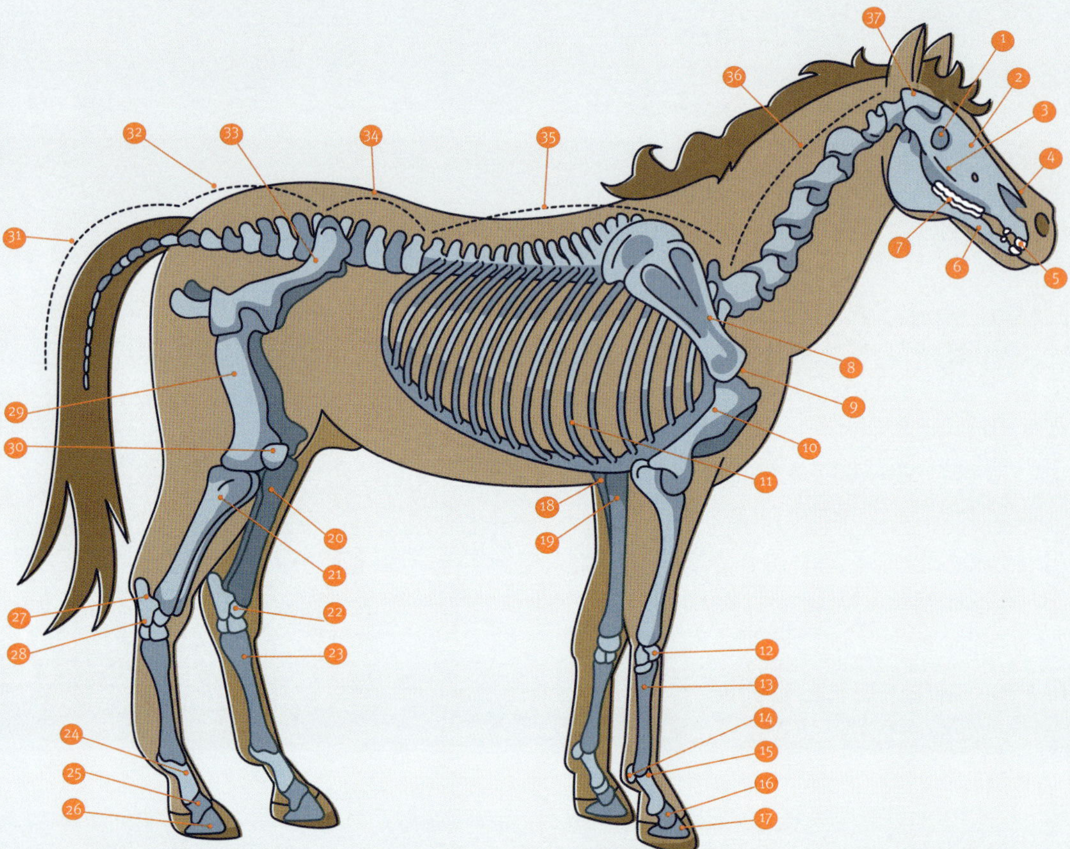

1. Augenhöhle
2. Oberkiefer
3. Angesichtsleiste
4. Nasenbein
5. Schneidezähne
6. Unterkiefer
7. Backenzähne
8. Schulterblatt
9. Gelenkpfanne
10. Oberarmknochen
11. Rippe
12. Vorderfußwurzelgelenk/ Karpalgelenk
13. Röhrbein (Vorderbein)
14. Gleichbeine
15. Fesselbein
16. Kronbein
17. Hufbein
18. Elle
19. Speiche
20. Wadenbein
21. Schienbein
22. Rollbein
23. Röhrbein (Hinterbein)
24. Fesselbein
25. Kronbein
26. Hufbein
27. Fersenbein
28. Hinterfußwurzelknochen
29. Oberschenkelknochen
30. Kniescheibe
31. Schweifwirbel
32. Kreuzbeinwirbel/ Kreuzwirbel (5)
33. Becken
34. Lendenwirbel (6)
35. Brustwirbel (18)
36. Halswirbel (7)
37. Hinterhauptbein

Muskeln im Pferdekörper

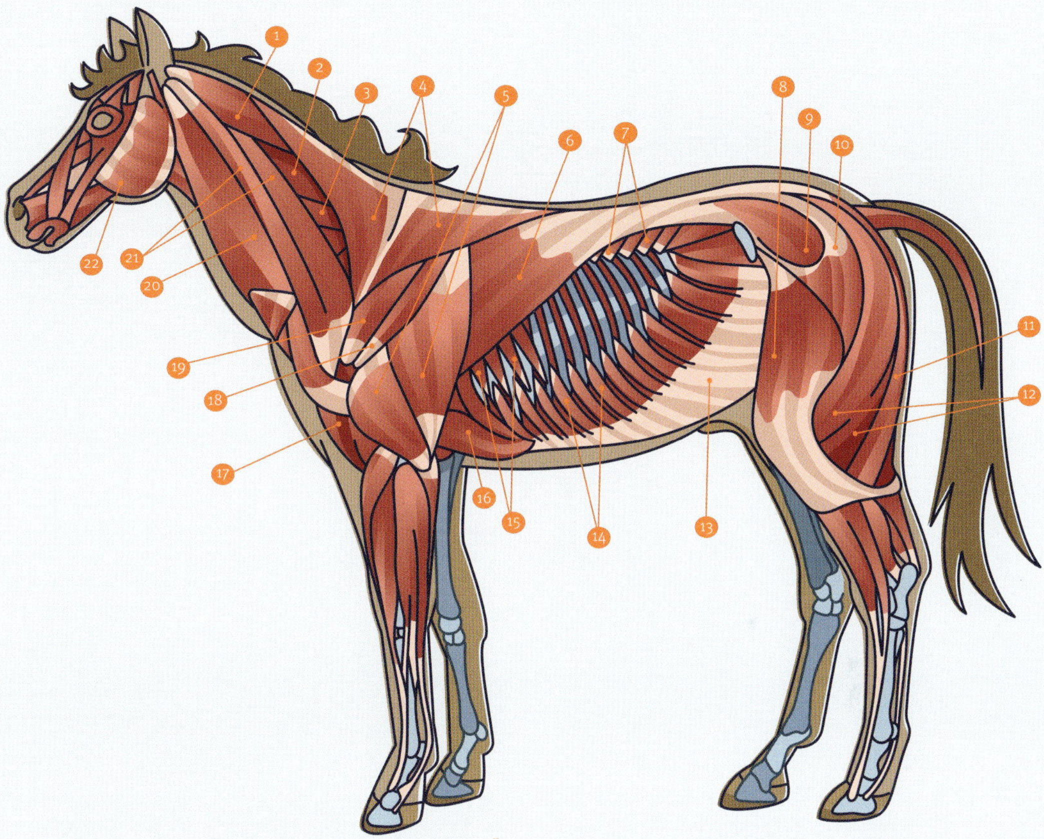

1. Längster Kopfmuskel
2. Riemenmuskel
3. Unterer gezackter Muskel, Halsteil
4. Trapezmuskel
5. Dreiköpfiger Oberarmmuskel
6. Breiter Rückenmuskel
7. Oberer hinterer gezahnter Muskel
8. Spanner der Schenkelfaszie
9. Oberflächlicher Kruppenmuskel
10. Mittlerer Kruppenmuskel
11. Halbsehniger Muskel
12. Zweiköpfiger Oberschenkelmuskel
13. Gerader Bauchmuskel
14. Äußerer schräger Bauchmuskel
15. Unterer gezackter Muskel, Brustteil
16. Tiefer Brustmuskel
17. Oberflächlicher Brustmuskel
18. Unterer Gräten-Muskel
19. Oberer Gräten-Muskel
20. Oberarm-Kopf-Muskel
21. Schulter-Hals-Muskel
22. Äußerer Kaumuskel

auslösen, und bestehende Verspannungen können sehr schmerzhaft sein. In solchen Fällen ist es ratsam, sich zunächst vorsichtig an das Gewebe heranzutasten. Bleibt das Pferd dennoch angespannt und abwehrend, sollte die Übung abgebrochen und zu einem späteren Zeitpunkt erneut versucht werden. Auffälligkeiten dieser Art sollten beim nächsten Termin mit dem Therapeuten unbedingt angesprochen werden, da auch tieferliegende Probleme vorliegen können, die therapeutisch oder tierärztlich abgeklärt werden müssen.
Lässt sich das Pferd hingegen willig auf die Übung ein, entwickeln wir mit der Zeit ein feines Gespür für das Gewebe und können erfühlen, wie sich die Strukturen unter den eigenen Fingern verändern.
Alle Übungen können mehrmals pro Woche nach dem Training oder an einem gezielten „Wellnesstag" durchgeführt werden. Zur besseren Verständlichkeit werden die Übungen von der linken Körperseite aus beschrieben, selbstverständlich sollten sie jedoch immer auf beiden Körperseiten durchgeführt werden.

Hinweis:

Dass Fell, Haut und Muskulatur unter menschlicher Berührung warm werden, ist ganz normal und erwünscht. Erfühlen wir jedoch bereits beim ersten Kontakt eine ungewöhnlich starke Hitze, kann dies auf eine Entzündung hindeuten. In diesem Fall sollte der Bereich nicht weiter manipuliert und gegebenenfalls ein Tierarzt hinzugezogen werden.

Abkauübung

Die Abkauübung dient der Lockerung des Kiefergelenks sowie der Entspannung der Kaumuskulatur und des Zungenbeins.
Wir stellen uns auf die linke Seite des Pferdes. Zur Stabilisierung halten wir den Pferdekopf mit der rechten Hand am Halfter fest. Anschließend führen wir den Zeigefinger oder den Daumen der linken Hand in den zahnfreien Zwischenraum des Pferdemauls, die soge-

Finger ins Maul: Die Abkauübung. (© Elke Dicks)

nannte Lade. Auf diese Weise regen wir das Pferd zum Abkauen an.
Bei sehr ruhigen und entspannten Pferden ist auch eine frontale Position vor dem Pferdekopf möglich. In diesem Fall fassen wir, vor dem Pferd stehend, mit Zeigefingern oder Daumen beider Hände von rechts und links an die Laden und gleiten weiter nach innen zur Zunge. Diese beidseitige Variante führt häufig zu einem gleichmäßigeren Abkauen als das einseitige Einführen eines Fingers. Diese Übung sollte nur wenige Sekunden dauern, kann jedoch bis zu drei Mal hintereinander wiederholt werden.

Massage der Kaumuskulatur mit flacher Hand. . (© Elke Dicks)

Massage der äußeren Kaumuskulatur

Diese Massage dient nicht nur zur Entspannung der Kaumuskulatur, sondern kann auch die Annahme des Gebisses positiv beeinflussen.
Der äußere Kaumuskel (M. massetter) überzieht die gesamte Ganasche großflächig. Wir legen die gesamte Handfläche auf diesen Muskel und streichen mit leichtem Druck langsam in Richtung Ohrspeicheldrüse. Auch sanfte kreisende Bewegungen sind erlaubt.
Lassen sich unter der glatten Oberfläche punktuelle Unebenheiten ertasten, können wir diese Verhärtungen gezielt lösen, indem wir auf die betroffenen Stellen mit Daumen oder Zeigefinger in kreisenden Bewegungen leichten Druck ausüben.

Massage der Kaumuskulatur punktuell mit nur einem Finger. (© Elke Dicks)

Die Ohren sind ein empfindliches Organ. (© Elke Dicks)

Massiert wird nur, wenn das Pferd nicht zurückschreckt. (© Elke Dicks)

Das Ausstreichen der Ohren

Diese Übung dient der Entspannung des Genicks und der Stirnpartie.
Auf der linken Seite stehend, umfassen wir mit der gesamten Hand sanft die Rückseite des Ohrs und streichen mit der Handfläche in Richtung Ohrspitze. Bei sehr entspannten Pferden kann das Ohr dabei leicht nach außen gezogen werden.
Da die Ohren bei vielen Pferden ein sehr empfindlicher Körperbereich sind, empfinden nicht alle diese Übung als wohltuend. In solchen Fällen lässt sich das Pferd häufig auch nicht daran gewöhnen, weshalb diese Übung dann besser ausgelassen wird.

Nackenbandlockerung

Die Nackenbandlockerung bringt Bewegung und Mobilität in die gesamte Oberlinie des Pferdes.
Wir stehen dem Hals des Pferdes zugewandt und legen beide Hände mit etwa einer Handbreit Abstand auf den Mähnenkamm, beginnend am Widerrist. Anschließend umfassen wir das Nackenband so, dass der Handballen links und die Finger rechts des Nackenbands liegen. Mit sanftem Druck bewegen wir nun eine Hand zu uns heran, während sich die andere Hand von uns wegbewegt, und wechseln diese Bewegung rhythmisch ab. So entsteht eine leichtknetende Bewegung.
Nachdem dieser Abschnitt des Nackenbands fünf bis sieben Mal bearbeitet

wurde, setzen wir die Hände ein Stück weiter Richtung Kopf und wiederholen die Bewegung. Auf diese Weise arbeiten wir uns bis zum Hinterhauptbein vor und anschließend wieder zurück bis zum Widerrist.

Massage vom Kopf bis zum Oberarm

Das Ausstreichen des Oberarm-Kopfmuskels (*M. brachiocephalicus*) entspannt den gesamten Unterhals- und Brustbereich und kann sich auch positiv auf die Atmung auswirken.
Da sich dieser Muskel deutlich sichtbar vom Hinterhauptbein entlang des Halses bis zum Oberarmknochen und zur Schulterfaszie zieht, lässt er sich leicht der Länge nach mit leichten Druck ausstreichen, bis sich das Gewebe zunehmend weicher anfühlt.

Für Pferde mit einer ausgeprägten Unterhalsmuskulatur kann das Ausstreichen des Oberarm-Kopfmuskels anfangs schmerzhaft sein. (© Elke Dicks)

Das Ausstreichen entspannt nicht nur die Muskulatur, sondern beeinflusst auch die Atmung positiv. (© Elke Dicks)

Hinweis:

Bei Pferden mit stark ausgeprägtem Unterhals führt keine Form der Massage zu einer nachhaltigen Entspannung. Die deutliche Verspannung des *M. brachiocephalicus* kann in diesen Fällen nur durch gezieltes Umtrainieren dauerhaft gelöst werden.

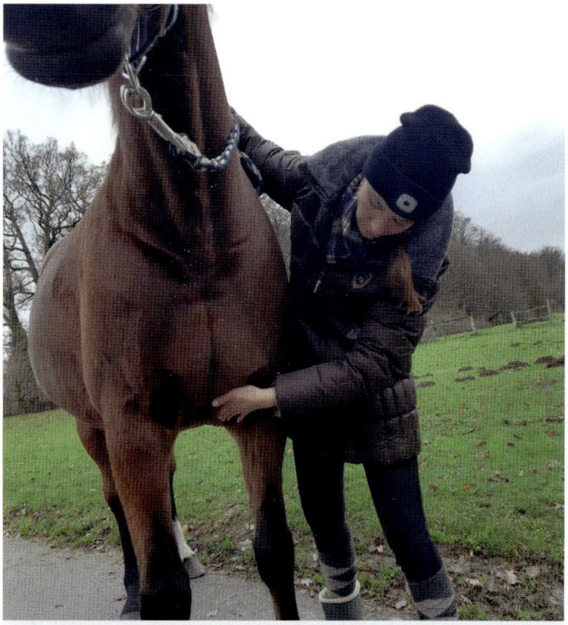

Die Hand fährt zwischen dem Brustbein sowie der Elle und Speiche des Vorderbeins entlang. (© Elke Dicks)

Eine gut ausgebildete Bauchmuskulatur lässt sich deutlich erfühlen. (© Elke Dicks)

Massage der Brust- und Bauchmuskulatur

Diese Massage unterstützt die Beweglichkeit des Rumpftrageapparats und kann Gurtzwang entgegenwirken.
Die Brustmuskulatur verläuft vom Halsansatz ausgehend beidseits zwischen den Vorderbeinen entlang des Brustbeins. Mit der linken Hand streichen wir diese Muskelpartie wiederholt mit sanftem Druck aus. Wird das Gewebe unter der Hand spürbar weicher, kann der Druck vorsichtig erhöht und durch kreisende Bewegungen ergänzt werden.
Vom Brustbein ausgehend spannt sich die Bauchmuskulatur zunächst bis zum Oberarm auf und verläuft anschließend zwischen der Mittellinie (*Linea Alba*) und den Rippenbögen über den gesamten Bauch bis hinauf zum Becken.
Um diese Muskulatur zu entspannen beginnen wir auch hier mit sanften Streichungen und gehen bei Bedarf zu kreisenden Bewegungen über. Der Einstieg erfolgt am besten zwischen den Vorderbeinen, von dort aus streichen wir in Richtung Hinterbeine. Viele

Hinweis:

Manche Pferde reagieren empfindlich auf Berührungen im Brustbereich. Besonders Stuten zeigen hier häufig Abwehrverhalten und neigen zum Schnappen. Es ist also Vorsicht geboten!

Sehr lange Fingernägel können beim Ausstreichen der Zwischenrippenmuskulatur hinderlich oder verletzend sein. (© Corinna Dicks)

Pferde sind im hinteren Bauchbereich empfindlich, weshalb die Massage beendet werden kann, sobald die Mitte des Bauchs erreicht ist. An dieser Stelle geht der tiefe Bauchmuskel in den äußeren schrägen Bauchmuskel über.

Ausstreichen der Zwischenrippenmuskulatur

Diese Übung verbessert die Atmung und die Biegungsfähigkeit, entspannt die inneren Organe und kann Sattel- sowie Gurtzwang entgegenwirken.
Mit Blick zum Rumpf beginnen wir hinter dem Schulterblatt, dort, wo die ersten Rippen tastbar sind. Die gespreizten Fingern der linken Hand ziehen wir langsam mit sanftem Druck von der Wirbelsäule aus durch die Zwischenräume der Rippen nach unten. Auf diese Weise arbeiten wir uns entlang des gesamten Brustkorbs bis zur letzten Rippe vor. Nicht bei jedem Pferd sind die Rippen leicht zu ertasten. Dies ist nicht weiter schlimm, denn die Finger finden die Zwischenrippenmuskulatur trotzdem, solange sie die Form der Rippen nachziehen.

Massage der Hinterbackenmuskulatur

Diese Massage steigert die Hinterhandaktivität und rundet dadurch Becken und Rücken.
Die Kruppen-, Halbsehnen- und Plattsehnenmuskeln (*Mm. gluteai, M. semitendinosus und M. semimembranosus*) verlaufen vom hinteren Bereich der Kruppe über die Sitzbeinhöcker bis zum Ende des Oberschenkels zwischen den Hinterbacken hindurch. Diese Muskeln liegen somit an der Kehrseite des Pferdes und lassen sich gut durch ausstreichende sowie kreisende Bewegungen entspannen.
Aus Sicherheitsgründen positionieren wir uns dabei niemals direkt hinter dem Pferd, sondern seitlich neben dem Hinterbein. Von dort aus können wir – auf der linken Seite stehend – die gesamte rechte Hand nutzen, um diese Muskulatur sanft auszustreichen.
Bleibt das Pferd so entspannt wie auf den Fotos, können wir die Massage intensivieren, indem wir mit den Fingern mehr Druck ausüben und überwiegend mit ihnen statt mit der gesamten Handfläche über die Muskulatur streichen.
Die meisten Pferde können sich bei dieser Massage gut entspannen. Dennoch ist Konzentration geboten. Treffen wir einen schmerzhaften Punkt, kann ein Pferd – je nach Temperament – schnell treten. Auch unvorhersehbare Abwehrbewegungen nach Fliegen, besonders im Sommer, machen diese Übung für den Menschen nicht ganz ungefährlich.

Neben dem Pferd statt hinter dem Pferd. Sicherheit geht vor.

Das Entspannen der Hinterbackenmuskulatur fördert den Raumgriff der Hinterbeine und kann dadurch zum Heben des Rückens beitragen.

Massiert wird bis zur Winkelung des Kniegelenks.

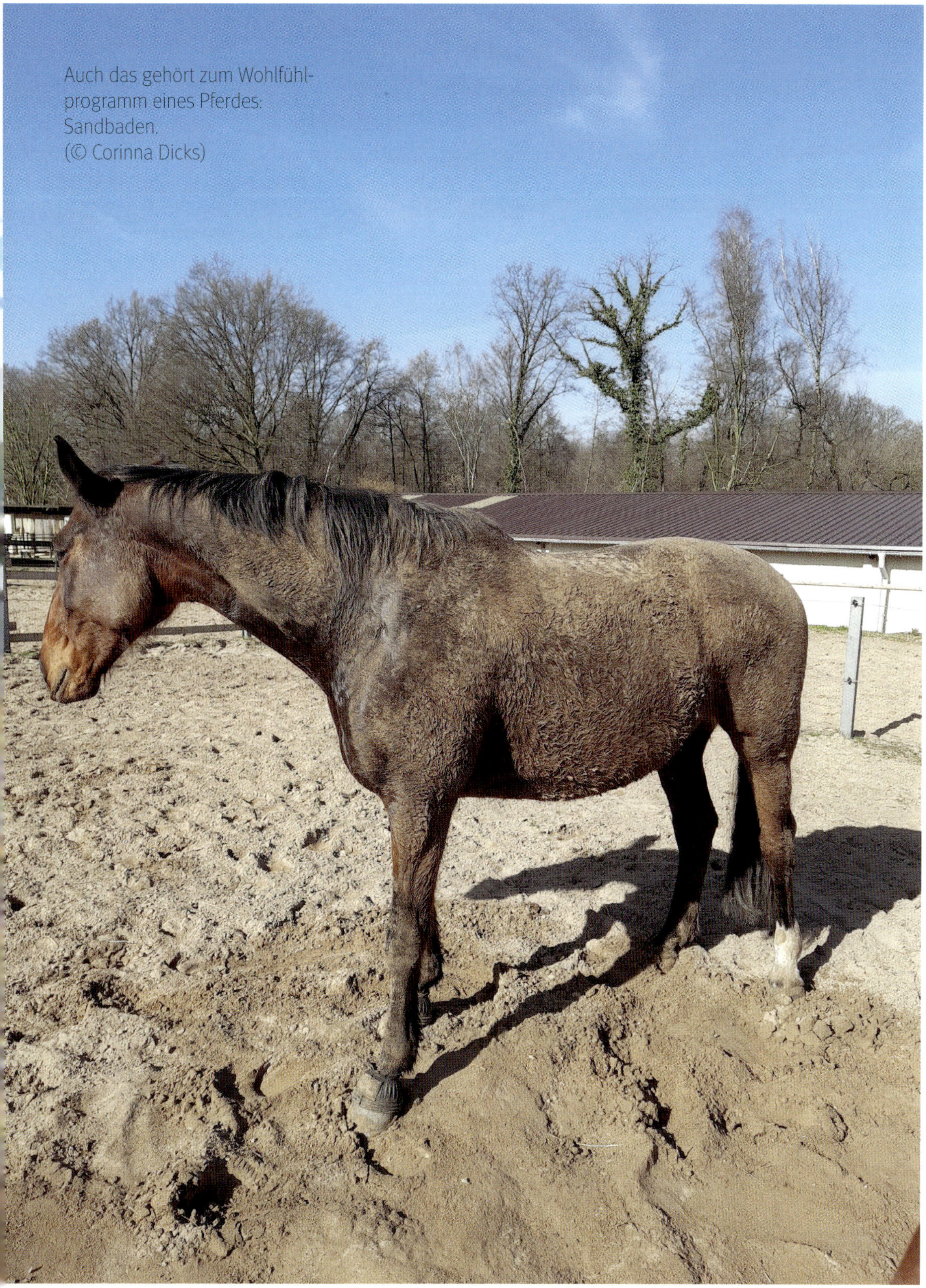

Auch das gehört zum Wohlfühlprogramm eines Pferdes: Sandbaden. (© Corinna Dicks)

DAS REITEN

Wann ist das Pferd so weit, wieder geritten zu werden?
Diese Frage lässt sich nicht pauschal beantworten, da jedes Pferd individuell reagiert. Während das eine Pferd schnell Vertrauen fasst, die Bodenarbeitsübungen locker umsetzt und entsprechend zügig Muskulatur aufbaut, bleibt bei einem anderen Pferd das Schmerzgedächtnis lange präsent. Es hält den Rücken fest und benötigt viel Zeit, um sich in einer Vorwärts-Abwärts-Haltung zu bewegen.

Hinweis:

Von der Diagnose bis zum ersten Reitversuch kann durchaus ein Jahr Bodenarbeit liegen.

Die Entscheidung, ob ein Pferd bereit für das Reiten ist, sollte der Pferdebesitzer beziehungsweise Reiter gemeinsam mit dem Pferdetherapeuten treffen. Auch ein einfühlsamer Trainer kann mit einer objektiven Einschätzung wertvoll unterstützen. Da die meisten rückenkranken Pferde den Sattel und das Reiten mit Schmerzen verknüpft haben, gilt es

Wann ein Kissing Spines-Pferd zum ersten Mal (wieder) geritten wird, ist individuell zu entscheiden. (© Nina Behle Fotografie)

Auch nach sehr guter Vorbereitung kann ein Kissing Spines-Pferd sofort wieder in alte Verhaltensmuster fallen, sobald der Reiter auf seinem Rücken Platz nimmt. (© Nina Behle Fotografie)

auch hier, das Schmerzgedächtnis gezielt zu durchbrechen und äußerst kleinschrittig vorzugehen. Denn nur weil sich das Pferd vom Boden aus korrekt in den richtigen Muskelketten bewegt und schmerzfrei erscheint, bedeutet dies noch lange nicht, dass es diese Bewegungsqualität auch beibehält, sobald der Sattel auf den Rücken geschnallt wird. Im Gegenteil: Viele Pferde fallen in diesem Moment in alte Verhaltensmuster zurück.
Legt das Pferd bereits beim Satteln die Ohren an oder zeigt Drohgebärden, versuchen wir mit Leckerlis und ruhigen, beruhigenden Worten entgegenzuwirken. Durch diese positive Verstärkung lässt sich langfristig eine Umkonditionierung erreichen. Der Sattel wird zunächst nur für wenige Sekunden auf den Rücken gelegt, ohne angegurtet zu werden, und anschließend wieder abgenommen.

Danach loben wir das Pferd und beenden die Übung. Das bloße Auflegen des Sattels ohne Angurten oder Aufsitzen kann während der Bodenarbeitsphase regelmäßig in den Pferdealltag integriert werden. Ziel ist es, dass das Pferd lernt, dass mit dem Herannahen des Sattels nichts Schlimmes passiert und keine Schmerzen mehr entstehen.
Im nächsten Schritt wird der Sattelgurt hinzugenommen. Der Sattel wird locker, langsam und vorsichtig angegurtet. Loch für Loch. Leckerlis und Lob helfen dabei, auch diesen Vorgang positiv zu besetzen. Reagiert das Pferd schließlich entspannt auf Sattel und Gurt, können wir dazu übergehen, es samt Sattel zu führen. Ziel ist es, dass das Pferd sich auch mit angegurtetem Sattel auf dem Rücken ruhig und entspannt bewegt und den Sattel als eine alltägliche Selbstverständlichkeit wahrnimmt – vergleichbar mit dem Halfter.
Zur weiteren Gewöhnung können wir nun auch Bodenarbeit und Spaziergänge mit Sattel durchführen. Das Pferd wird so den Sattel schnell als Teil seines Alltags akzeptieren.
Selbstverständlich wird nicht in jeder Trainingseinheit der Sattel auf den Pferderücken geschnallt, doch zwei bis drei Mal die Woche darf der Sattel ruhig Bestandteil der Arbeit sein.
Pferde können selbst die Aufstieghilfe in der Reithalle oder auf dem Reitplatz mit Schmerzen verknüpfen, da mit ihr das Reiten beginnt und somit früheren Erfahrungen zufolge auch die Rückenschmerzen. Hat das Pferd das Satteln und insbesondere die Bewegung mit dem Sattel entspannt akzeptiert, führen wir es daher schrittweise an die Aufstieghilfe heran. Lob und Leckerlis begleiten diesen Prozess.

Hinweis:

Ergänzend sei erwähnt, dass erfahrungsgemäß häufig die Umkonditionierung und damit das Löschen des Schmerzgedächtnisses nicht so reibungslos verläuft wie beschrieben. Leider gibt es viele Pferde, die das Satteln lebenslang mit Ohren anlegen und/oder Schnappen quittieren. Diese Verhaltensweisen lassen sich nicht immer vollständig durch Lob und Leckerlis auflösen.

Bleibt das Pferd ruhig an der Aufstieghilfe stehen und weicht nicht aus, können wir auf die Aufstieghilfe steigen und das Pferd erneut loben. Tritt es hingegen zur Seite, sobald wir an der Aufstieghilfe stehen, verzichten wir darauf, aufzusteigen, führen das Pferd ruhig erneut an die Aufstiegshilfe heran, loben es und beenden die Übung. Dieses Heranführen an die Aufstieghilfe lässt sich in Abständen von ein paar Tagen wiederholen.
Auch das bloße Stehen an und auf der Aufstieghilfe muss geübt werden. Manche Pferde akzeptieren diesen Schritt zunächst besser ohne Sattel. An Reiten ist zu diesem Zeitpunkt noch nicht zu

Hinweis:

Die klassische Konditionierung ist ein Begriff aus der Lernpsychologie und umfasst verschiedene Formen des Lernens. In der Arbeit mit dem Kissing Spines-Pferd steht vor allem die Umkonditionierung im Fokus. Ein neutraler oder bereits negativ besetzter Reiz wird gezielt mit einem positiven Reiz verknüpft, sodass sich seine Bedeutung langfristig ins Positive verändert. In unserem Fall zeigt sich der negativ erlernte Reiz im Schnappen und Ohrenanlegen beim Satteln; der positive Gegenreiz ist das Leckerli.
Im täglichen Umgang konditionieren wir unser Pferd jedes Mal, wenn es ein Leckerli erhält und wir es gleichzeitig loben. Das Lob kann über ein bestimmtes Wort oder durch Streicheln erfolgen. Für das Pferd ist das Leckerli ein positives Erlebnis. Verbinden wir die Gabe des Leckerlis gezielt mit einem bestimmten Wort oder einer bestimmten Berührung, verknüpft das Pferd dieses Wort oder diese Berührung mit etwas Positivem. Ein Lobwort eignet sich besonders gut, da es auch auf Distanz eingesetzt werden kann. Hat das Pferd beispielsweise das Wort „prima“ mit der Leckerligabe verknüpft, erkennt es dieses Wort später als positives Signal – auch dann, wenn der Mensch sich beim Longieren am anderen Ende der Longe befindet oder im Sattel sitzt und „prima“ sagt.
Im Prozess des Aufsattelns versuchen wir, die negative Erwartungshaltung des Pferdes in eine positive umzuwandeln.
Der richtige Moment des Lobens ist dabei entscheidend. Gelobt wird ausschließlich dann, wenn das Pferd keine Drohgebärden zeigt. Beim richtigen Timing können Sekunden darüber entscheiden, ob wir die Drohgebärden wirklich abbauen oder versehentlich eher verstärken.
Häufig hilft es, wenn zu Beginn eine zweite Person am Pferdekopf steht und dem Pferd genau in dem Moment ein Leckerli – verbunden mit dem Lobwort – gibt, in dem es den Sattel mit gespitzten Ohren beschnuppert.
Beim Anheben des Sattels über den Rücken legen viele Pferde in negativer Erwartungshaltung bereits die Ohren an. Verharren wir kurz in dieser Hebeposition, spitzen sie die Ohren meist wieder. Genau in diesem Moment folgen Leckerli und Lobwort.

denken. Bis wir tatsächlich im Sattel sitzen, kann ein langer, kleinschrittiger Prozess mit Rückschlägen sein.
Den richtigen Zeitpunkt für das erste Aufsitzen zu finden, ist sehr schwierig, und die Reaktion des Pferdes bleibt stets eine Überraschung. Aus Gründen der eigenen Sicherheit empfiehlt es sich daher, sich beim ersten Reitversuch von einer weiteren Person helfen zu lassen.
Je nachdem wie das Pferd vor der Diagnose auf das Reiten reagiert hat, kann es trotz optimaler Vorbereitung am Boden zu Steigen, Buckeln oder Durchgehen

Häufig macht es Sinn, das Pferd anfangs wie eine Remonte anzutrainieren: viel gerade Strecke und große gebogene Linien. (© Nina Behle Fotografie)

kommen. Zwar schafft die Bodenarbeit Vertrauen, und die meisten Pferde lassen sich nach der geleisteten Vorarbeit wieder auf das Reiten ein, dennoch bleibt ein Restrisiko bestehen. Auch der Reiter selbst ist häufig nicht frei von Angst, denn er hat meist ein paar böse Stürze hinter sich und weiß, wozu das eigene Pferd fähig ist. Daher empfehle ich, sich bei den ersten Reitversuchen führen zu lassen. Dabei zeigt sich schnell, was das Pferd von dem Lebewesen auf seinem Rücken hält: schreitet es willig und schwungvoll voran oder hält es den Rücken fest und stockt in der Bewegung?

Auf die innere Stimme hören

Auch hier gilt: weniger ist mehr. Lässt sich das Pferd willig führen – selbst wenn es anfangs noch etwas klemmig wirkt –, beenden wir den ersten Reitversuch bereits nach wenigen Minuten. Die eigene Intuition ist hierbei gefragt. Wir müssen vom Pferderücken aus entscheiden, wann der richtige Moment zum Absteigen gekommen ist. Zeigt das Pferd anfangs klemmige Bewegungen, gilt es abzuwägen, ob ein frühes Beenden trotz der festgehaltenen Muskulatur sinnvoller ist, um zwei bis drei Tage später einen neuen Versuch zu starten, oder ob

sich das Pferd mit weiteren Schritten auf den Reiter auf seinem Rücken einlassen und locker werden wird.
So beginnt Schritt für Schritt das neue Reitpferdeleben. Ähnlich wie bei einer Remonte reiten wir das Pferd zunächst auf gerader Linie und auf großen, gebogenen Linien konsequent im Vorwärts-Abwärts. Ein fleißiges Tempo ist dabei wichtig, um die Oberlinienspannung aufrechtzuerhalten, ebenso der Fokus auf den Aufbau von Bauch-, Brust- und Tiefenmuskulatur.

Wichtig: Pausen und Abwechslung

Zeigt das Pferd Ermüdungsanzeichen wie nachlassende Bewegungsenergie oder ein Absinken des Rückens – ein Hinweis auf ermüdende Bauchmuskulatur –, reiten wir noch etwa eine weitere Minute und beenden anschließend die Einheit. Die Muskulatur wurde über die aktuelle Leistungsgrenze hinaus beansprucht und benötigt nun Erholung. Gleiches gilt für die Psyche des Pferdes.
Gerade zu Beginn des Reitens ist ein guter Trainer äußerst wertvoll. Er kann die Bewegungsqualität sowie den Muskelaufbau objektiv beurteilen und gezielt fördern. Verfügt er zudem über motivierende Eigenschaften, die den Reiter mental unterstützen, ist dies ideal.
Geritten wird zunächst ausschließlich im Vorwärts-Abwärts, bis das Pferd muskulär so gefestigt ist, dass es zunehmend mehr Last mit der Hinterhand aufnehmen kann. Erst dann erfolgt schrittweise ein Training hin zur relativen Aufrichtung – ein Prozess, der mehrere Monate bis Jahre in Anspruch nehmen kann.
Wie in der Bodenarbeit sollte auch das Reiten abwechslungsreich gestaltet werden. Steht das Pferd sicher an den Hilfen können beispielsweise Tempounterschiede, Übergänge, Seitengänge hinzugenommen werden.
Aber auch wenn dieses Ziel erreicht ist und das Pferd seinen Reiter willig trägt, sollte die Bodenarbeit nicht vernachlässigt werden. Jedes Pferd profitiert von abwechslungsreichem Training. Spaziergänge, Longenarbeit und Arbeit an der Hand sollten weiterhin mit den Reiteinheiten kombiniert werden. Dies fördert nicht nur die geistige Flexibilität des Pferdes, sondern unterstützt auch seine psychische Entspannung und die Bereitschaft zur Mitarbeit.
Selbstverständlich können auch Ausritte ins Training integriert werden, sobald das Pferd sicher an den Hilfen steht. Unmotivierte Pferde profitieren häufig von Ausritten, da sie im Gelände deutlich fleißiger voranschreiten, wodurch es ihnen leichter fällt eine positive Oberlinienspannung aufrecht zu erhalten.
Nicht zu unterschätzen ist der Effekt auf den Reiter: Durch die unterschiedlichen Trainingsformen und wechselnden Anforderungen lernt er den Charakter seines Pferdes immer besser kennen, kann es realistischer einschätzen und so ein stabiles gegenseitiges Vertrauen aufbauen.

DER TRAININGSPLAN

Kissing Spines-Pferde müssen in ihrem Training ähnlich aufgebaut werden wie Hochleistungssportler.
Ein Trainingsplan kann dazu enorm beitragen, denn er macht das Training planbar und übersichtlich. Gut strukturiert hilft er, Trainingsfortschritte und -rückschritte frühzeitig zu erkennen, darauf aufzubauen oder das Training gegebenenfalls zu überdenken. Kissing Spines-Pferde beginnen ihren Weg allerdings meist nicht aus einer stabilen körperlichen Ausgangslage heraus, sondern müssen zunächst Defizite aufholen, die sich über einen längeren Zeitraum entwickelt haben. Während des Trainings wird es jedoch nahezu zwangsläufig immer wieder zu Rückschlägen kommen. Fast jeder Pferdebesitzer gerät in solchen Phasen an den Rand der Verzweiflung und beginnt, sowohl das eigene Training als auch sich selbst und sein Pferd infrage zu stellen. Diese Situationen gehören zum Prozess dazu und sollten nicht als Scheitern verstanden werden. Bereits kleine Faktoren können ausreichen, um den Trainingsverlauf kurzfristig zu beeinträchtigen. Wird das Pferd beispielsweise in einer kalten Winternacht nicht ausreichend eingedeckt, kann es am nächsten Morgen mit einem empfindlichen, verspannten Rücken reagieren. Die folgende Trainingseinheit verläuft dann eventuell frustrierend und mühsam. Ebenso kann es passieren, dass eine Reit- oder Trainingseinheit besonders gut gelungen ist, das Gefühl hervorragend war und das Pferd dadurch unbewusst etwas zu stark gefordert wurde. Am darauffolgenden Tag zeigt es sich dann unmotiviert, matt oder deutlich unzufrieden. In solch einem Fall ist eine längere Erholungszeit angesagt. Auch unvorhersehbare Ereignisse wie plötzliche Erkrankungen – etwa ein Hufgeschwüre beim Pferd oder ein grippaler Infekt beim Pferdebesitzer – können das Training mal eben für ein oder zwei Wochen auf Eis legen. Das ist normal und sollte bei der Planung mit berücksichtigt werden. Schließlich geht es im Pferdesport stets um zwei wenig kalkulierbare Lebewesen, die aufeinander reagieren und miteinander

Ein Trainingsplan sorgt für klare Trainingsziele. (© Bild generiert mit Adobe Firefly)

kommunizieren müssen. Ein Pferd ist schließlich kein Tennisschläger, der immer bereit ist für ein Match, sondern ein sensibles Lebewesen mit eigenen körperlichen und psychischen Bedürfnissen.
Ein detaillierter Trainingsplan ist daher sinnvoll und hilfreich, sollte jedoch niemals starr sein. Gerade im Training eines Kissing Spines-Pferdes ist es entscheidend, flexibel zu bleiben und sich an den aktuellen Bedürfnissen des Pferdes zu orientieren. Ist der Pferderücken beispielsweise kalt geworden und fühlt sich deshalb fest an oder reagiert empfindlich, empfiehlt es sich, mit einer deutlich verlängerten Schrittphase zu beginnen. Dies kann zum Beispiel in Form eines ausgedehnten Spaziergangs erfolgen, idealerweise eingehüllt in eine wärmende Walkerdecke. Anschließend können wir vermehrt Galopparbeit mit Übergängen ins Training einbauen, da diese Bewegungsform den Rücken effektiv durchwärmt und lockert. Die ursprünglich für diesen Tag geplanten Übungen sollten in einem solchen Fall auf einen späteren Zeitpunkt verschoben werden.
Auch wenn das Training nicht immer planbar ist, empfiehlt es sich dennoch, gemeinsam mit dem Pferdetherapeuten und Trainer einen grundlegenden Trainingsplan zu erstellen, an dem wir uns grundsätzlich orientieren können. Dieser Plan dient als Leitfaden, bleibt jedoch jederzeit anpassbar. Ein aufbauendes Training folgt grundsätzlich einem

Info:

Messbare Werte wie die PAT-Werte (Puls, Atmung, Temperatur) sowie Regenerations- und Anpassungszeiten sind ab Seite 120 bei den Quickinfos aufgeführt. Mithilfe dieser Werte lässt sich der aktuelle Trainingszustand des eigenen Pferdes besser einschätzen und der weitere Trainingsverlauf gezielt überwachen.

wiederkehrenden Ablauf aus Belastung, Beanspruchung, Ermüdung, Regeneration und Anpassung.
Der Organismus verarbeitet Trainingsreize nicht unmittelbar, sondern zeitverzögert. Je nach Intensität des Trainings kann diese Verarbeitung einen oder mehrere Tage, manchmal sogar Wochen dauern. Das bedeutet: Der Körper wird durch das Training zunächst belastet und beansprucht. Daraufhin beginnt er zu ermüden und benötigt Zeit, um sich von der Belastung zu erholen. In dieser Phase der Regeneration fängt der Körper an zu adaptieren, sich also der Belastung anzupassen und widerstandsfähiger, ausdauernder und kräftiger zu werden.
Je nach Trainingszustand ermüdet der Organismus schneller oder langsamer. Entsprechend variiert auch die Dauer der notwendigen Regeneration. Erst wenn diese Anpassungsprozesse abgeschlossen sind, kann ein neuer Trainingsreiz effektiv gesetzt werden.
Das Kissing Spines-Pferd mit Rücken-

Trainingsplan

WOCHENTAG	AUFGABE
Montag	Gymnastizierende Arbeit an der Hand
Dienstag	Longieren unter Nutzung der gesamten Reithalle oder des Reitplatzes
Mittwoch	Erholung (Wellness, Spaziergang oder ausschließlich Weidezeit)
Donnerstag	Entspannte freie Bewegung zum Aufwärmen, anschließend Equikinetic
Freitag	Erholung (Wellness, Spaziergang oder ausschließlich Weidezeit)
Samstag	Fleißiger Spaziergang auf unterschiedlichen Untergründen
Sonntag	Longieren unter Nutzung der gesamten Reithalle oder des Reitplatzes
Montag	Erholung (Wellness, Spaziergang oder ausschließlich Weidezeit)
Dienstag	Gymnastizierende Arbeit an der Hand
Mittwoch	Freie Bewegung (eventuell mit Stangenarbeit)
Donnerstag	Equikinetic mit vorheriger Aufwärmphase
Freitag	Erholung (Wellness, Spaziergang oder ausschließlich Weidezeit)
Samstag	Gymnastizierende Arbeit an der Hand
Sonntag	Longieren unter Nutzung der gesamten Reithalle oder des Reitplatzes
Montag	Erholung (Wellness, Spaziergang oder ausschließlich Weidezeit)

schmerzen, dem ich in meiner Arbeit am häufigsten begegne, ist ein wenig oder schlecht trainiertes Pferd mit geringer muskulärer Kraft. Der hier links stehende Trainingsplan ist daher beispielhaft für solch ein Pferd nach der Diagnose und zu Beginn seines neuen Trainings konzipiert. Wie bereits erwähnt, ist dieser Plan nicht in Stein gemeißelt, sondern flexibel und gestaltbar. Der Schwerpunkt liegt weniger auf der exakten Übungsauswahl, sondern vielmehr auf einer sinnvollen durchdachten Planung der Erholungszeiten.

Wesentlich ist, dass der überschwellige Trainingsreiz – also eine deutlich erhöhte Beanspruchung von Muskulatur und Herz-Kreislauf-System – nur alle zwei bis drei Tage gesetzt wird. Dieser Reiz muss jedoch auch tatsächlich erfolgen, da rein sporadisches Training nicht ausreicht, um den Körper nachhaltig zu kräftigen. Um Anpassungsprozesse in Gang zu setzen, benötigt der Organismus mindestens alle drei bis vier Tage einen solchen Reiz. Verausgabt sich das Pferd beispielsweise in der freien Bewegung, ist am darauffolgenden Tag eine Erholungsphase notwendig, etwa in Form eines Spaziergangs.

Welche Übungen ein Pferd besonders fordern, lässt sich nicht immer vorhersagen. Die Stangenarbeit ist für viele Pferde ein recht anstrengendes Training und daher im Trainingsplan gut kalkulierbar. Die freie Bewegung hingegen soll dem Pferd grundsätzlich ermöglichen, sich in der Körperhaltung zu bewegen, die es bevorzugt – ohne dass der Mensch eine bestimmte Haltung vorgibt. Idealerweise verläuft sie entspannt, doch darauf hat der Mensch nicht immer Einfluss.

Info:

Mit einem trainingsfreien Tag ist keine Boxenruhe gemeint! Boxenruhe ist keine Erholung. Sich über 24 Stunden hinweg lediglich um die eigene Achse bewegen zu können, wirkt sich sowohl auf den Organismus als auch auf die Psyche des Pferdes äußerst negativ aus. Boxenruhe ist aus meiner Sicht nur dann gerechtfertigt, wenn das Pferd operiert wurde oder eine Fissur beziehungsweise Fraktur ausheilen muss.

Flexibilität im Training

Es gibt viele Gründe, weshalb sich bei einem Pferd Energie anstauen kann. Temperamentvolle Pferde nutzen die freie Bewegung gern, um diese überschüssige Energie abzubauen – ganz ohne menschliches Zutun. Unbeabsichtigt wird die freie Bewegung so zu einem intensiven Trainingsreiz, auf den unbedingt eine Regenerationsphase folgen sollte. In solchen Fällen muss der Trainingsplan für die nächsten Tag entsprechend angepasst werden. Gerade bei sensiblen oder sehr motivierten Pferden lohnt es sich, die Intensität der freien Bewegung aufmerksam zu beobachten und im Wochenplan zu berücksichtigen. In der vierten Trainingswoche kommt es

zu einer Optimierungsphase des Systems. Die Muskulatur wird nun belastbarer, leistungsfähiger und kräftiger. Gleichzeitig ist der Organismus in dieser Phase jedoch auch anfälliger. Daher sollten in dieser Zeit keine überschwelligen Reize gesetzt werden. Stattdessen empfiehlt es sich, lockere Bewegungstage einzuplanen. Sie legen die Grundlage für weitere Leistungssteigerungen.
Ab der fünften bis sechsten Woche haben sich die verschiedenen Systeme des Körpers – nicht nur die Muskulatur, sondern auch das Herz-Kreislauf-System, das Immunsystem und das Nervensystem – der erhöhten Belastung angepasst und stabilisiert. Erst dann können erneut stärkere Trainingsreize gesetzt und das Training wieder intensiver aufgebaut werden.
Dabei ist zu beachten, dass Sehnen deutlich mehr Zeit benötigen als Muskeln, um sich der Belastung anzupassen und kräftiger zu werden. Dieser Prozess kann mehrere Wochen bis Monate dauern. Wird der Fokus ausschließlich auf den Muskelaufbau gelegt, kann dieser zeitliche Unterschied zu Sehnenreizungen oder Bänderdehnungen führen. Aus diesem Grund sollten gezielt isometrische Übungen – also statische Kraftübungen – in den Trainingsplan integriert werden. Dazu zählen beispielsweise das ruhige Stehen auf Balancepads, das bewusste Anheben und Halten von Hufen oder die Leckerliübung.

DAS KISSING SPINES-TAGEBUCH

Um das Training übersichtlich und transparent zu gestalten, kann es sehr hilfreich sein, täglich Buch zu führen. Ein Tagebuch, in dem festgehalten wird, wie wir uns mit unserem Pferd beschäftigt haben, welche Ziele wir uns für den Tag gesetzt haben, welche Schwierigkeiten eventuell aufgetreten sind sowie welche Aspekte besonders positiv hervorzuheben waren, verleiht dem Training Struktur. Ergänzt um ein kurzes Fazit zur Einheit wird das Training nicht nur klarer, sondern häufig auch effizienter. Im Laufe der Zeit spiegelt eine solches Tagebuch die Entwicklung des Pferdes deutlich wider. Fortschritte, Rückschläge und wiederkehrende Muster lassen sich schneller erkennen. Auf diese Weise wird rasch deutlich, ob sich das Training auf dem richtigen Weg befindet oder ob Anpassungen und Optimierungen notwendig sind.
Selbstverständlich kann jeder Pferdebesitzer sein Tagebuch individuell gestalten, so wie es für ihn am sinnvollsten und übersichtlichsten ist. Wer jedoch gerne eine Orientierungshilfe hätte, kann das von mir entwickelte Kissing Spines-Tagebuch nutzen, für das ich hier auf rechts eine Vorlage zur Verfügung stelle.
Alles, was dir für das Training zusätzlich wichtig erscheint, darf selbstverständlich ergänzt und individuell angepasst werden.

Kissing Spines-Tagebuch

Name des Pferdes:

Datum:

Dauer der Einheit:

Art der Beschäftigung:

Positive Entwicklung:

Fazit: ♡ ♡ ♡ ♡ ♡

Ziel der Einheit:

Aufgetauchtes Problem:

Notizen:

Alle Infos auf einen Blick

Grundlage der Pferdeernährung sollte immer gutes Raufutter sein. (© AdobeStock/ Valeri Vatel)

UMGEBUNGSFAKTOREN UND ERNÄHRUNG

Das beste Training verliert deutlich an Wirkung, wenn die Umgebungsfaktoren nicht stimmen. Gerade bei Pferden mit Rückenproblemen spielen Haltung, Bewegung und Fütterung eine zentrale Rolle.

Das Optimum ist nicht immer zu finden

Es ist heute nicht leicht, einen Pensionsstall zu finden, in dem Pferde weitgehend artgerecht gehalten werden und zugleich gute Trainingsbedingungen vorherrschen. Dabei steht der Großteil der Reitpferde in Deutschland in solchen Betrieben. Oft bietet ein Stall entweder eine gute Haltung oder optimale Trainingsmöglichkeiten – beides zusammen ist eher selten. Für ein Kissing Spines-Pferd ist freie Bewegung natürlich sehr wichtig. Je häufiger sich der Rücken in Bewegung befindet, desto eher bleiben die Muskeln locker und elastisch. Zudem ist nicht zu unterschätzen, wie stark ein Pferd seine Muskulatur – sowohl die oberflächliche als auch die tiefe – selbst kräftigt, wenn ihm ausreichend freie Bewegung ermöglicht wird.

Das bedeutet jedoch nicht, dass alle Pferde zwangsläufig in einem Offenstall untergebracht werden müssen. Unsere Pferde leben in der Regel nicht in konstanten Sozialverbänden und können auch nicht frei durch die Lande ziehen, um sich bessere Lebensbedingungen oder neue Futterquellen zu suchen. In vielen Offenställen stehen daher zu wenig Platz, Fress- und Liegestellen zur Verfügung, und die Gruppen sind nicht immer harmonisch aufeinander abgestimmt.
In Offenställen ist sorgfältig darauf zu achten, dass auch ältere und rangniedrige Pferde stressfrei fressen und auf sauberen Liegeflächen schlafen können. Ebenso muss sichergestellt sein, dass auch ranghohe Pferde ausreichend Ruhe finden. Verletzungen und das Auftreten von Pseudonarkolepsie sollten keinesfalls zur Tagesordnung gehören, beobachte ich aber gerade in Offenställen sehr häufig.
Die Boxenhaltung bietet hingegen Vorteile wie ungestörtes Fressen, ruhige Schlafphasen und Schutz bei extremen Witterungsbedingungen. Voraussetzung ist allerdings ein mehrstündiger täglicher Auslauf auf Paddock oder Weide mit freier Bewegung von mindestens sechs Stunden, idealerweise in einer konstanten Pferdegruppe. Die Box sollte hell, sauber und gut belüftet sein sowie täglich gemistet werden. Auch das Stallklima spielt eine große Rolle. Frische Luft, die der Außentemperatur möglichst nahekommt, und Schutz vor Zugluft sollten gewährleistet sein.
Für rückenkranke Pferde ist ein möglichst stressfreier Alltag essenziell. Freie Bewegung, in der sich die Muskulatur entspannen kann und das Pferd seine natürliche Körperhaltung einnehmen darf, ist ebenso wichtig wie ausreichend Ruhephasen zum Dösen und Schlafen sowie ein störungsfreier Zugang zum Futter. Ob eine Offenstallhaltung oder eine Boxenhaltung mit viel Auslauf besser geeignet ist, hängt stark vom individuellen Pferd ab.
Wie in der zweiten und dritten Beispielgeschichte ab Seite 127 beschrieben, kann ein Pferd langfristig nicht schmerzfrei werden, wenn diese grundlegenden Haltungsbedingungen nicht erfüllt sind. Im Gegenteil: Neben anhaltenden Rückenschmerzen können sich Verhaltensauffälligkeiten wie Koppen oder Weben entwickeln, und in manchen Fällen kommt es sogar zur Ausbildung einer Pseudonarkolepsie.

Training braucht keinen Luxus

Für das Training selbst ist kein besonderer Luxus erforderlich. Eine Reithalle, in der auch freie Bewegung möglich ist, oder ein individuell nutzbarer Allwetterreitplatz reichen vollkommen aus. Steht zusätzlich ein abwechslungsreiches Ausreitgelände zur Verfügung, sind die Voraussetzungen sehr gut, um ein Kissing Spines-Pferd langfristig schmerzfrei zu trainieren.
Entscheidend ist jedoch die Beschaffenheit des Bodens, auf dem trainiert wird.

Der optimale Boden verschafft eine gute Ausgangslage für das Training. (© AdobeStock/ Valeri Vatel)

Kraftfutter kann sinnvoll sein, doch die Basis jeder Fütterung ist hochwertiges Raufutter. (© AdobeStock/ Gabriela Bertolini)

Er darf weder zu tief noch zu hart sein. Zu tiefe Böden bedeuten eine zu hohe Belastung für die Sehnen und begünstigen Sehnenschäden. Auch verliert das Pferd an Trittsicherheit und spannt, um sich besser ausbalancieren zu können, die Rückenmuskulatur an. Zu harte Böden wirken sich hingegen negativ auf Gelenke und Hufe aus und begünstigen Arthrose und Gelenksentzündungen. Dass der Boden zudem rutschfest sein muss, versteht sich von selbst.

Ernährung ist kein Hexenwerk

Was die Ernährung betrifft, verfolge ich einen eher schlichten Ansatz. Meine Stute erhält neben einer bedarfsgerechten Raufutterversorgung lediglich Schwarzhafer als Energielieferant sowie ein abgestimmtes Mineralfutter, das ihren individuellen Bedarf deckt. Sinnvoll ist es, den Mineralhaushalt zunächst zu überprüfen, beispielsweise durch ein Blutbild, um bestehende Mängel zu erkennen und gezielt auszugleichen. Anschließend sollte ein Mineralfutter gewählt werden, das vom Pferd gut verwertet werden kann.
Kraftfutter sollte immer leistungsbezogen gefüttert werden. Je höher die körperliche Beanspruchung, desto größer ist der Energiebedarf. Allerdings ist Vorsicht geboten: Viele Müslis und Futtermischungen enthalten zu hohe Mengen an Zucker, Melasse oder Trestern sowie Getreidesorten, die das Pferd nur schlecht verwerten kann. Diese Bestandteile gehören nicht ins Pferd.

Zur Unterstützung der Muskulatur kann die Zufütterung eines Muskelrelaxans wie Magnesium sinnvoll sein. Besonders Pferde mit hohem Muskeltonus oder stark ausgeprägter Außenorientierung profitieren davon. Auch Aminosäuren, die Bausteine der Eiweiße, können den Muskelaufbau unterstützen.
Natürliche Zusätze, wie Hagebutten, die reich an Vitamin C sind und entzündungshemmend wirken, oder Fenchel, der sich positiv auf die Verdauung auswirkt, sind ebenfalls eine sinnvolle Ergänzung des Futterplans.

Hagebutten sind reich an Vitamin C.
(© AdobeStock/ schankz)

Warum Raufutter unverzichtbar ist

Der Schwerpunkt der Fütterung sollte jedoch immer auf dem Raufutter liegen. Anders als beim Menschen wird im Pferdemagen kontinuierlich Magensäure produziert, die die Magenwände angreifen kann, wenn sie nicht durch eine ebenfalls relativ kontinuierliche Aufnahme von Futter neutralisiert wird. Der Pferdemagen kann nur relativ kleine Futtermengen aufnehmen. Die permanente Säureproduktion in Kombination mit dem nur relativ kleinen Fassungsvermögen des Pferdemagens sorgt dafür, dass der gesamte Verdauungsapparat eines Pferdes sehr empfindlich ist.
Raufutter sollte daher grundsätzlich vor dem Kraftfutter angeboten werden. Beim Kauen von Raufutter produziert das Pferd deutlich mehr Speichel als beim Fressen von Kraftfutter. Dieser Speichel neutralisiert die Magensäure

Das lange Kauen von Raufutter neutralisiert die Magensäure.
(©AdobeStock/ nigel baker photography)

und schützt die Magenwände. Raufutter im Magen sorgt außerdem dafür, dass das Kraftfutter langsamer passiert und so besser verdaut wird. Aufgrund der permanenten Säureproduktion ist es außerdem notwendig, dass der Magen möglichst kontinuierlich beschäftigt ist. Fresspausen von mehr als vier Stunden sollten daher vermieden werden, um einer Übersäuerung vorzubeugen. Idealerweise haben Pferde einen dauerhaften Zugang zu Raufutter. Ein Pferdemagen funktioniert am besten, wenn er stets einen Nahrungsbrei zu bearbeiten hat. Allerdings kann eine dauerhafte Raufuttergabe bei leichtfuttrigen Pferden problematisch sein. In solchen Fällen sind mehrere kleinere Mahlzeiten über den Tag verteilt sinnvoller. Je nach Gesamtmenge des Raufutters sollten die Fresspausen zwischen zwei und vier Stunden liegen.

Hinweis:

Verstopfungskoliken entstehen häufig durch lange Fresspausen, auf die große Raufuttermengen folgen – typisch bei Pferden, die nur zwei Mahlzeiten pro Tag bekommen. Ist der Magen leer, überfordert die große Nahrungsmenge den Verdauungstrakt und kann einen Rückstau im Dünndarm verursachen.

EQUIPMENT, HILFSMITTEL UND TRAININGSGERÄTE

Geht es um ein Reitpferd, das zusätzlich unter Rückenschmerzen leidet, ist optimal angepasstes Equipment enorm wichtig. Sattel, Sattelgurt, Longiergurt und weiteres Zubehör müssen die individuelle Form des Pferderückens berücksichtigen, dabei bequem sitzen und ausreichend Anpassungsmöglichkeiten bieten.

Der Einsatz von Hilfsmitteln und Trainingsgeräten sollte stets gut durchdacht sein. Auch hier vertrete ich die Haltung: Weniger ist mehr. Da es im Aufbautraining keine Abkürzungen gibt, sind die meisten Hilfsmittel und Trainingsgeräte nicht notwendig – einige erweisen sich sogar als eher schädlich statt nützlich. Ein Beispiel hierfür ist die Körperbandage. Durch den künstlich erzeugten Druck auf die Hinterbeine wird das Pferd gezwungen, auf einen Reiz zu reagieren, unabhängig davon, ob es motorisch dazu in der Lage ist oder nicht. Dies kann zu Ausweichbewegungen und Kompensationen führen, die wiederum eine festgehaltene Rückenmuskulatur begünstigen. (Auf die Körperbandage gehe ich in einem späteren Kapitel noch ausführlicher ein.)

Übungen wie Trab-Galopp-Übergänge oder Seitengänge hingegen fördern die Aktivität der Hinterhand auf natürliche Weise. Sie erlauben dem Pferd, seine Hinterbeine entsprechend seinem aktuellen Leistungsvermögen zu bewegen.

Mit wiederholter Durchführung kräftigen sich Muskulatur, Sehnen, Bänder und Faszien schrittweise, und die motorischen Möglichkeiten erweitern sich im eigenen Tempo.
In diesem Zusammenhang ist die Körperbandage die vermeintliche Abkürzung, die jedoch nicht zum Ziel führt. Übergänge und Seitengänge sind die Übungen, die ich bevorzuge, da sie sich am individuellen Leistungsvermögen des Pferdes orientieren und eine nachhaltige Verbesserung der Mobilität ermöglichen –, angepasst an die vorhandene Muskelkraft.
Auch die Mobilisation von Rücken und des Becken durch Druck auf die Muskulatur mithilfe sogenannter Stäbchen – eine Methode, die leider auch von manchen Therapeuten empfohlen wird – halte ich für ein absolutes No-Go. Das Ziehen der Stäbchen über die empfindliche Muskulatur rechts und links entlang der Brust- und Lendenwirbelsäule, unter dem Bauch entlang der sensiblen Mittellinie (Linea Alba) oder über die Kruppen- und Hinterbackenmuskulatur erzeugt einen schmerzhaften Druck. Dem versucht das Pferd zu entgehen, indem es sich dem Druck entzieht. Dabei kann es den Rücken stark Richtung Boden drücken, ihn unnatürlich hoch aufwölben oder das Becken übermäßig anheben oder absenken. Diese Art der Mobilisation ist gefährlich, da das Pferd gezwungen wird, über seine motorische Grenze hinauszugehen – ohne die Möglichkeit, dem Menschen verbal

Stäbchen oder Hufauskratzer zum Druckausüben sind ein No-Go! (© Elke Dicks)

mitzuteilen, dass der Druck zu intensiv oder schmerzhaft ist. Auch diese Übung gehört zu den Abkürzungen, die ich ausdrücklich nicht empfehle.
Deutlich besser geeignet zur Mobilisation des Pferderückens und des Beckens sind sanfte Alternativen wie die Handtuchübung, die Leckerliübung, gezielte Übergänge oder die Stangenarbeit. Diese Methoden zwingen das Pferd nicht in eine bestimmte Haltung, sondern ermöglichen ihm, sich nur in dem Maße zu bewegen, wie es seine Motorik und sein aktueller Trainingsstand zulassen. Manche Pferde reagieren im Bauchbereich empfindlich und ziehen ihn bereits zusammen, sobald sie dort geputzt werden. Das anschließende Anheben des Rückens führt auf natürliche Weise zu einer Mobilisation.

Ein übertriebenes Beispiel: Solch eine Sattel-Pferd-Kombination ist natürlich nur für ein Foto erlaubt.

Der Sattel und der Sattelgurt

Die regelmäßige Überprüfung des Sattels durch einen qualifizierten Sattler sollte selbstverständlich sein – nicht nur bei einem rückenkranken, sondern auch bei einem gesunden Pferd. Wird der Sattel im Bereich des Widerrists mit der Zeit zu eng, bildet sich sonst die zuvor mühsam aufgebaute Rückenmuskulatur schnell wieder zurück – sie atrophiert. Der Schwerpunkt des Sattels verlagert sich dann außerdem nach hinten. Dadurch wird auch das Reitergewicht zu weit nach hinten gesetzt, wo es punktuell in die Muskulatur im hinteren Brustwirbelbereich drückt. Dies hat zur Folge, dass das Pferd seinen Rücken nach unten wegzudrücken, um dem unangenehmen Druck zu entgehen. In der Folge tritt das Pferd weniger aktiv unter den Schwerpunkt, die Schritte der Hinterhand verkürzen sich, und es fängt an, mit den Hinterbeinen ausweichende Bewegungen nach hinten zu machen. Eine Verengung im Widerristbereich hat nicht nur einen Abbau der Muskulatur zur Folge – wobei der Begriff „Abbau" streng genommen nicht korrekt ist, da die Muskulatur materiell weiterhin vorhanden ist, jedoch dünner, fester und schlechter durchblutet wird –, sondern beeinflusst auch die Bewegung der Vorderhand. Beim Vorführen eines Vorderbeins rotiert das Schulterblatt mit seinem Knorpel nach hinten. Wird diese Bewegung durch eine Enge im Widerristbereich blockiert, verliert das Vorderbein an Raumgriff und Bewegungsfreiheit. Umgekehrt kann die Sattelkammer bei stark zurückgebildeter Muskulatur auch zu weit werden. In diesem Fall kippt der Sattel nach vorne, verliert seine Stabilität und passt nicht mehr korrekt.

In der Regel sollte ein Sattel einmal jährlich durch einen Sattler kontrolliert werden. Befindet sich ein Pferd jedoch im Aufbautraining und entwickelt dadurch zunehmend Muskulatur, verändert sich der Rücken vergleichsweise schnell. Um der zunehmenden Muskelmasse und der verbesserten Beweglichkeit nicht im Weg zu stehen, empfehle ich daher einen Sattelcheck mindestens alle sechs Monate.

Häufig wird der Sattel mit einem Schuh verglichen: „Ein gut sitzender Schuh braucht keine Einlage, folglich benötigt auch ein gut sitzender Sattel kein Pad." Ich finde, der Vergleich hinkt, denn auf einen Fuß wirken ganz andere Kräfte als auf eine empfindliche Wirbelsäule, die anatomisch betrachtet nicht zum Tragen

Eine regelmäßige Kontrolle der Passgenauigkeit kann Unwohlsein beim Satteln vorbeugen.

Ein Lammfell sollte bei der Sattelanpassung berücksichtigt werden. (© AdobeStock/acceptfoto)

Dieser Sattel kippt nach hinten. Ist er trotzdem für dieses Pferd geeignet und anpassbar? (© Corinna Dicks)

gemacht ist. Zudem sitzt auf dem Pferderücken ein sich aktiv bewegendes Lebewesen. Ein kleiner Puffer zwischen Sattel und Pferderücken, der Stöße abfedert und den sensiblen Rücken schützt, halte ich daher für sinnvoll. Ob dieser Puffer aus einem Lammfellpad, einem Memorie-Foam-Pad oder einem anderen Material besteht, ist letztlich Geschmackssache. Entscheidend ist, dass das Pad korrekt aufgelegt wird und die Passform des Sattels nicht verfälscht. Wird mit Pad geritten, sollte der Sattel in Kombination mit dem Pad von einem Sattler an den Pferderücken angepasst werden. Ein optimal angepasster Sattel verfügt über einen ausreichend breiten Wirbelkanal, sodass die Sattelkissen keinen Druck auf die Dornfortsätze ausüben. Zudem darf der Sattel nicht über die letzte Rippe hinausreichen. Auf diese Weise liegt der Sattel im Bereich der Brustwirbelsäule – also dort, wo sich der Schwerpunkt des Pferdes befindet und wo es anatomisch die nötige Stabilität besitzt, um Gewicht tragen zu können. Rassen wie Quarter Horses oder auch Islandpferde haben meist eine relativ kurze Brustwirbelsäule und somit nur eine begrenzte Auflagefläche für den Sattel. Das erschwert die Sattelanpassung für einen erwachsenen Reiter, der im Sattel ausreichend Platz finden muss, erheblich.

LIEBER EIN SATTEL MIT BAUM ODER OHNE?

In meiner Praxis habe ich die Erfahrung gemacht, dass Pferde mit empfindlichem Rücken einen Sattel mit Baum deutlich besser akzeptieren als einen baumlosen Sattel. Ein Baumsattel liegt in der Regel ruhiger auf dem Rücken, verteilt das Reitergewicht gleichmäßiger und lässt den Reiter weniger direkt auf den Rücken einwirken. Aus diesem Grund rate ich bei rückenkranken Pferden von baumlosen Sätteln eher ab.

DIE ANPASSUNG ERFOLGT AUF PFERD UND REITER

Den optimalen Sattel für das eigene Pferd zu finden, ist ein anspruchsvolles Unterfangen. Ein Sattel muss nicht nur exakt zum Pferderücken passen, sondern auch die Anatomie des Reiters berücksichtigen. Dabei spielt nicht allein die Größe der Sitzfläche eine Rolle, sondern beispielsweise auch die Länge des Sattelblatts, die zur Beinlänge des Reiters passen sollte. Auch der Sattelgurt sollte regelmäßig überprüft werden. Es muss nicht zwingend ein besonders weicher Lammfellgurt sein, doch der Gurt sollte zur Statur des Pferdes passen. Hier kann und sollte der Sattler beratend zur Seite stehen. Besonders wichtig ist die Position der Schnallen. Bei Kurzgurten liegen diese häufig auf Höhe der Ellenbogen. In der Bewegung stößt das Pferd dann mit den Ellenbogen gegen die Schnallen, was schnell zu schmerzhaften Reizungen oder Verletzungen führen kann. Die Schnallen müssen daher so positioniert sein, dass die Ellenbogen sie nicht berühren. Ideal ist zudem eine weiche Unterlegung der Metallschnallen, um schmerzhaften Druck des Metalls auf Rippen sowie Bauch- und Atemmuskulatur zu vermeiden.
Die Schnallen von Langgurten liegen geschützt zwischen den Sattelblättern. Dennoch habe ich Fälle erlebt, in denen das untere Sattelblatt so dünn war, dass die Schnallen durch das Sattelblatt auf die Rippen drückten. Dies führte zu schmerzhaften Hämatomen und letztlich zu Sattel- und Gurtzwang.

HÄUFIG UNTERSCHÄTZT: DER SATTELGURT

Moderne Gurte klassischer Sättel sind häufig mit Gummizügen versehen, ein- oder beidseitig. Diese sollen den Tragekomfort erhöhen und die Atmung erleichtern. In der Praxis führen sie jedoch oft dazu, dass der Gurt zu fest angezogen wird, da der Widerstand geringer ist. Die Folge sind Atemeinschränkungen und Unwohlsein. Befindet sich der Gummizug nur auf einer Seite, wird der Gurt beim Nachgurten ungleichmäßig angezogen. Empfehlenswert sind daher Sattelgurte ohne Gummizüge.
Bisher bin ich ausschließlich auf den klassischen Sattel eingegangen. Für andere Sattelarten gelten jedoch dieselben Grundprinzipien. Ein Westernsattel ist zwar deutlich voluminöser und wird meist mit einem dicken Pad angepasst, dennoch sollte auch hier die Sitzschale nicht über die letzte Rippe hinausreichen. Ebenso dürfen die Schnallen des Sattelgurts nicht auf Höhe der Ellenbogen liegen.

Der Longiergurt

Für einen Longiergurt gelten grundsätzlich dieselben Kriterien wie für einen Sattel und einen Sattelgurt. Er sollte in seiner Form sowohl zur Rückenform des Pferdes als auch zur Anatomie des Brust- und Rippenbereichs des Pferdes passen, weich gepolstert oder zusätzlich mit einem Pad unterlegt sein und über gut gepolsterte Schnallen verfügen, deren Positionierung keinen Druck- oder Scheuerschmerz verursachen.
Gerade bei rückenempfindlichen Pferden ist darauf zu achten, dass der Longiergurt weder punktuellen Druck ausübt noch in der Bewegung verrutscht. Ein schlecht sitzender Longiergurt kann die Muskulatur im Bereich des Widerrists und der Brustwirbelsäule reizen und die zuvor mühsam erarbeitete Losgelassenheit innerhalb kürzester Zeit wieder zunichtemachen.

Hinweis:

Bei Reitanfängern, die ihre Hände noch nicht kontrolliert und unabhängig bewegen können und daher keine konstante, weiche Verbindung über die Zügel zum Pferdemaul herstellen, können Ausbinder hilfreich sein. Die gleichmäßige Anlehnung ohne ruckartige Einwirkungen direkt auf das Pferdemaul wirkt für das Pferd angenehmer und gibt dem Reitanfänger die Möglichkeit, sich zunächst auf seine eigene Balance zu konzentrieren.
Da ein rückenkrankes Pferd aber niemals in die Hände eines Reitanfängers gehört, gehe ich in diesem Buch davon aus, dass die Person, die mit einem solchen Pferd arbeitet und es später auch wieder reiten möchte, zwar kein Profi, aber ein erfahrener Pferdemensch mit einem weitestgehend ausbalancierten Sitz ist. Aus diesem Grund liegt der Fokus dieses Buches auf dem Training des erkrankten Pferdes und nicht auf der grundlegenden Unterstützung von Reitanfängern.

Schaumstoffgassen (an der langen Seite) eignen sich hervorragend zum Longieren. (© Nadine Dicks)

Ausbinder und Bodyforming-Produkte

Wie zuvor bereits mehrfach angedeutet, betrachte ich sämtliche Hilfsmittel, die das Pferd in eine bestimmte Körper- oder Bewegungsform zwingen, aus der es sich nicht eigenständig lösen kann, als Abkürzungen im Training, die in der Regel nicht zu einem langfristigen Ziel führen.

AUSBINDER

Ausbinder gehören für mich – wenn überhaupt – nur in sehr wenigen, klar begründeten Situationen an ein Pferd. In der Longenarbeit können sie in der weiterführenden Ausbildung kurzzeitig sinnvoll sein, um das Pferd für wenige Minuten etwas stärker zu schließen, also die Kopf-Hals-Haltung zu begrenzen, um gezielt mehr Aktivität aus der Hinterhand zu erarbeiten.
Bei einem Kissing Spines-Pferd, das gerade erst wieder lernt, sich schmerzfrei zu bewegen, und sich zunächst intensiv mit dem eigenen Gleichgewicht auseinandersetzen muss, wirken Ausbinder grundsätzlich kontraproduktiv. Wie bereits mehrfach beschrieben, benötigt das Pferd seinen Hals als natürliche Balancierstange. Dass es mit diesem mal größere, mal kleinere Ausweichbewegungen zur Seite oder nach oben macht, um sich selbst auszubalancieren, ist völlig normal und sollte nicht unterbunden werden. Ausbinder verhindern diese ausgleichenden Bewegungen allerdings.

Ausbinder helfen nicht dabei, sich selbst auszubalancieren.

(© AdobeStock/Tattiliana)

Im Gegenteil: Sie behindern das Pferd dabei, seinen Hals als natürliche Balancierstange zu nutzen.

(© AdobeStock/virgonira)

(© AdobeStock/anakondasp)

Der Hals dieses Pferdes zeigt einen falschen Knick. (© Nina Behle Fotografie)

Hinweis:

Pferde, die regelmäßig mit Ausbindern trainiert werden – oder mit harter Hand geritten werden –, zeigen häufig einen sogenannten falschen Knick auf Höhe des zweiten und dritten Halswirbelsso wie hier links auf dem Foto.

Dem Pferd bleibt dann keine andere Möglichkeit, als sich über das Hilfsmittel selbst abzustützen. Es lernt, dass es in schwierigen Situationen nur mithilfe äußerer Begrenzungen sein Gleichgewicht halten kann. In der späteren Arbeit unter dem Sattel wird es folglich beginnen, die Zügel und damit die Reiterhand als Stütze zu suchen.
Für das Pferd ist das Arbeiten mit Ausbindern etwa so anstrengend, wie für uns Menschen das Halten eines gefüllten Wassereimers mit ausgestrecktem Arm. Die Muskulatur wird dauerhaft unter Spannung gesetzt, überreizt und beginnt zu schmerzen. Da das Pferd dieser Kopf-Hals-Position nicht entkommen kann, versucht es, die Spannung und die schmerzende Muskulatur anderweitig zu kompensieren. Entweder rollt es sich ein, wobei die Nase hinter die Senkrechte gerät, oder es drückt aktiv gegen die Ausbinder und bildet einen ausgeprägten Unterhals aus. Beide Haltungsformen sind unphysiologisch. Sie führen nicht nur zu weiteren Schmerzen und einer chronisch überreizten Muskulatur, sondern auch zu einer Reizung des Nackenrückenbands, einer eingeschränkten Atmung und einer dauerhaft verspannten Oberlinie. Der Rücken senkt sich ab, und die Hinterbeine treten nicht mehr aktiv unter den Schwerpunkt, sondern weichen nach hinten aus.
Jetzt wird der ein oder andere vielleicht sagen: „Aber mein Pferd zeigt keinen Stress mit Ausbindern. Es wehrt sich nicht, trägt die Nase an der Senkrechten, und die Ausbinder hängen sogar durch.“ Dann stellt sich mir die Frage: Wofür werden die Ausbinder dann denn überhaupt eingesetzt?
Wenn Ausbinder im Training routinemäßig genutzt werden, gleichzeitig aber die Überzeugung besteht, dass sie eigent-

lich keinen Einfluss haben, können sie konsequenterweise auch weggelassen werden. Häufig zeigt sich dann erst, wie unsicher sich das Pferd ohne äußere Begrenzung tatsächlich bewegt. Wird es an der Longe nicht in eine bestimmte Haltung gezwungen, sondern darf sich frei ausbalancieren, wirkt die Bewegung zunächst ungewohnt oder „chaotisch". Etwa 90 Prozent aller Pferde, die ausschließlich ausgebunden longiert werden, sind ohne dieses Hilfsmittel nicht in der Lage, sich selbst auszubalancieren. Unter dem Reiter suchen sie verstärkt den Zügel und damit die Reiterhand als Stütze und können auf gebogener Linie kein korrektes Vorwärts-Abwärts halten. Dieses Phänomen wird als erlernte Hilflosigkeit bezeichnet. Und ja, dieses Verhalten ist weit verbreitet. Viele Reiter longieren ihre Pferde grundsätzlich mit Ausbindern, weil sie es so gelernt, vorgelebt bekommen und es nie hinterfragt haben. Nach dem Grund gefragt, lautet die Antwort häufig: „Weil ich meine Pferde schon immer ausgebunden habe – und der Kopf ja nach unten muss."

BODYFORMING-PRODUKTE

Auch sogenannte Bodyforming-Produkte, wie beispielsweise die Körperbandage, schaden dem Pferd häufig mehr, als dass sie ihm nutzen. Wird die Bandage ganz klassisch mit leichtem Druck um die Hinterbeine gebunden, zwingt sie das Pferd in ein Bewegungsmuster, dem es nicht entkommen kann. Der

Die Konstruktion zwingt das Pferd in ein Bewegungsmuster. (© AdobeStock/matilda553)

künstlich erzeugte Schub führt jedoch nicht zu dem gewünschten Effekt eines aufgewölbten, schwingenden Rückens. Stattdessen gerät das Pferd in ein Ungleichgewicht. Um diese Dysbalance auszugleichen, spannt es die Rückenmuskulatur an und hält sie fest.

Mit der Zeit setzt zudem ein Gewöhnungseffekt eins: Ohne den künstlichen Druck auf die Hinterbeine ist das Pferd anschließend weniger als zuvor in der Lage, die Hinterbeine aktiv einzusetzen. Mehr Hinterhandaktivität und ein verbesserter Raumgriff – Ziele, die fälschlicherweise durch die Körperbandage erreicht werden sollen – lassen sich effektiv und nachhaltig durch gezieltes Stangentraining, Übergänge und gymnastizierende Übungen erreichen. Diese fördern Kraft, Koordination und Beweglichkeit, ohne das Pferd in unphysiologische Bewegungsmuster zu zwingen.

Rückenwärmer

Im Herbst und Winter kann ein Rückenwärmer generell vor der Arbeit oder dann eingesetzt werden, wenn das Pferd nass geworden oder ausgekühlt ist. Er ist eine nützliche Unterstützung, um die Rückenmuskulatur zu lockern und auf das Training vorzubereiten. Bereits 15 bis 20 Minuten sind hierfür ausreichend. Rückenwärmer, beispielsweise von den Firmen „Back on Track" oder „Fedimax" (siehe Foto hier unten), enthalten eingearbeitete Keramikfäden.
Diese nehmen die Körperwärme des Pferdes auf und reflektieren sie – geben sie also wieder an den Körper des Pferdes ab. Auf diese Weise kann die Wärme bis in die tiefer liegenden Muskelstrukturen vordringen und sich dort vergleichsweise lange halten. Eine kostengünstigere Alternative ist das Dinkelspelzkissen, das sich leicht selbst herstellen lässt. Zwar ist ein solches Kissen deutlich schwerer als die professionellen Rückenwärmer (die zudem übrigens auch in der Bewegung genutzt werden können), der Effekt ist jedoch vergleichbar: Auch das Dinkelspelzkissen nimmt die Körperwärme auf und gibt sie wieder an das Pferd ab.
Was mich an diesen Rückenwärmern begeistert, ist die Nutzung der körpereigenen Wärme. Dadurch besteht nicht die Gefahr einer Überhitzung, wie sie bei künstlich zugeführter Wärme durchaus auftreten kann.

Manche Wohlfühlprodukte, wie dieser Rückenwärmer, ... (© Elke Dicks)

... oder das Dinkelspelzkissen, sind sehr sinnvoll. (©Corinna Dicks)

Trotz Decke sollte das Pferd sich in allen Gangarten bewegen können. (©AdobeStock/Grubärin)

Eindecken

Ich kenne kein Kissing Spines-Pferd, das sich zumindest in der akuten Phase der Erkrankung im Frühjahr, Herbst und Winter ohne Decke wohlfühlt.
Der Rücken ist in dieser Zeit besonders empfindlich. Sobald Regen, Wind oder Kälte auf die Muskulatur einwirken, verhärtet sie sich, die Bewegungen werden steif und unelastisch. An einen Reitversuch ist unter diesen Umständen kaum zu denken.
Meine Stute entzog sich zu Beginn der Erkrankung bereits bei 15 Grad Celsius und Sonnenschein meinen Berührungen, sobald auch nur der kleinste Windhauch ihren Rücken streifte. Stand Clara im Regen, dauerte es nicht selten eine Stunde, bis sie sich freiwillig wieder so bewegte, dass sich die Rückenmuskulatur sichtbar entspannte.
Es ist daher sinnvoll, sich mit verschiedenen Deckenvarianten auszustatten – und davon gibt es einige. Die Bandbreite reicht von leichten Regen- und Fliegendecken bis hin zu stark gefütterten Winterdecken mit 400-Gramm-Füllung.
Als Besitzer eines Kissing Spines-Pferdes stehen wir vor der Aufgabe, durch Aus-

Hinweis:

Wusstest du, dass ein Pferd seine eigene Thermoregulation nicht mehr aufrechterhalten kann, sobald es geschoren ist?

Um einen Wärmestau zu vermeiden, sollte nach der Arbeit mit einer Walker- oder Führanlagendecke die Decke gewechselt werden.

probieren die passende Deckenstärke zu finden. Wann und mit welcher Grammzahl fühlt sich mein Pferd am wohlsten? Meine Erfahrung zeigt, dass Kissing Spines-Pferde eher dazu neigen, eine etwas dickere Decke zu bevorzugen als eine zu dünne. Die häufig zitierte Wohlfühltemperaturspanne von -5 bis +5 Grad Celsius mag für ein gesundes, robustes Islandpferd zutreffen. Ein Pferd mit schmerzhaftem Rücken bei diesen Temperaturen ungeschützt der Witterung auszusetzen, ist jedoch in den meisten Fällen problematisch. Zumindest habe ich bislang kein Kissing Spines-Pferd kennengelernt, das diese Temperaturspanne als angenehm empfunden hätte. Auch Clara ist von Kälte nicht begeistert. Im Gegenteil: Kommt zur ohnehin festgehaltenen Muskulatur noch Kälte hinzu, sinkt ihre Laune deutlich. Und wie ich immer sage: Kein-Ohr-Pferde sind nicht hübsch!
Die natürliche Thermoregulation eines Pferdes ist daher individuell zu betrachten. Es gilt, die persönliche Wohlfühltemperatur jedes einzelnen Pferdes sorgfältig herauszufinden.

Häufig höre ich den Satz: „Mein Pferd mag keine Decken. Deshalb decke ich nicht ein."
Diese Aussage mag in Einzelfällen zutreffen. In den meisten Fällen bezieht sich die Ablehnung jedoch nicht auf das Tragen der Decke selbst, sondern auf den Moment des Auflegens. Gerade Kissing Spines-Pferde reagieren aufgrund akuter Schmerzen oder eines ausgeprägten Schmerzgedächtnisses empfindlich auf den Vorgang, etwas auf ihren Rücken zu legen. Liegt die Decke erst einmal, lässt das Abwehrverhalten in der Regel nach. In solchen Situationen muss das kurzfristige Unbehagen gegen den langfristigen Nutzen abgewogen werden. Ein dauerhaft verspannter und schmerzhafter Rücken ist für das Pferd erheblich belastender als der kurze Moment beim Auflegen der Decke. Ähnlich wie beim Satteln kann auch das Eindecken durch den gezielten Einsatz von Leckerlis positiv umkonditioniert werden.
Trägt das Kissing Spines-Pferd während der freien Bewegung bei Kälte, Wind und Regen eine geeignete Decke, ist bereits viel gewonnen. Möchten wir

aber mit dem Pferd arbeiten, und die Temperaturen liegen beispielsweise bei -2 Grad Celsius, ist die Rückenmuskulatur bereits steif und fest, sobald der Weg vom Putzplatz zur Reithalle oder zum Reitplatz ohne Winterdecke zurückgelegt wurde. Die anschließende 15- bis 20-minütige Schrittphase reicht in solchen Fällen häufig nicht aus, um die Muskulatur ausreichend zu erwärmen – im Gegenteil, sie kann die Steifheit sogar verstärken.
Viele greifen für die Aufwärmphase daher auf eine Abschwitzdecke zurück, um die Muskulatur und die Organe vor Kälte zu schützen. Diese schränkt das Pferd jedoch in der Bewegung ein, sobald die Brustgurte geschlossen sind. Ohne geschlossene Brustgurte wiederum bleibt die Decke während der Bewegung nicht zuverlässig auf dem Rücken liegen.
Auf einem offenen Reitplatz bei Regen hält eine Abschwitzdecke den Rücken zudem meist nur wenige Minuten trocken, bevor sie sich vollsaugt und das Pferd zusätzlich auskühlt.
Für solche Situationen eignen sind wasserabweisende Walker- oder Führanlagendecken deutlich besser. Sie sind so geschnitten, dass sie ausreichend Schulterfreiheit bieten, das Pferd in seiner Bewegung nicht behindern und je nach Modell über eine wärmende Fütterung verfügen. Während der gesamten Bodenarbeitsphase – selbst bei der Stangenarbeit– können diese Decken genutzt werden, ohne dass der Rücken kalt und nass wird, selbst bei längeren

Oben: Nicht nur im Training, auch für den Spaziergang geeignet. Unten: Auch wenn die Sonne scheint, bleibt es im Winter kalt.
(© Corinna Dicks)

Schrittphasen in strömendem Regen. Für die Arbeit unter dem Sattel erfüllen sogenannte Ausreit- oder Nierendecken denselben Zweck.

Weitere Wohlfühlprodukte

Auf dem Markt gibt es eine Vielzahl an Geräten und Materialien, die zum Wohlbefinden des Pferdes beitragen können. Die Bandbreite reicht von verschiedenen Massagegeräten wie dem „Novafon" oder der Massagepistole über die „Accuhorsemat" bis hin zu Magnetfelddecken und Solarien, die in vielen Pensionsstellen zur Verfügung stehen. All diese Anwendungen können dazu beitragen, das Pferd zu entspannen und ein positives Körpergefühl zu erzeugen.
Möchten wir eines oder mehrere dieser Produkte einsetzen, sollten wir vorher jedoch sicherstellen, dass im Körper des Pferdes zu diesem Zeitpunkt keine entzündlichen Prozesse stattfinden. Auch ist es wichtig, stets auf die Reaktionen des Pferdes zu achten. Die Anzeichen von Wohlbefinden, aber auch von Unwohlsein, habe ich bereits im Kapitel ab Seite 50 erläutert. Vermeidungsverhalten sollte stets beachtet werden, denn mechanische Geräte geben kaum Rückmeldung über den Zustand des Gewebes. Versuchen wir hingegen, das Wohlbefinden unseres Pferdes mit den eigenen Händen zu fördern, indem wir beispielsweise eine Muskelpartie massieren, können wir gleichzeitig erfühlen, wie sich das Gewebe unter unseren Berührungen verhält (wird es warm und weicher oder verhärtet es sich sogar?) und die Intensität entsprechend anpassen, verstärken oder im ungünstigsten Fall abbrechen. Nutzen wir dagegen ein Gerät zur Muskellockerung, sind wir nicht nur in stärkerem Maße auf die sichtbaren Reaktionen unseres Pferdes angewiesen, sondern sollten zudem in kurzen Abständen kontrollieren, wie sich die behandelte Stelle verändert hat.

Hinweis:

Während eines akuten Entzündungsprozesses ist jede Form von Massage im betroffenen Bereich sowie in dessen unmittelbarer Umgebung kontraproduktiv.

Augen auf beim Kauf!

Nur weil ein Gerät als Wohlfühlprodukt vermarktet wird, bedeutet dies nicht, dass es dem Pferd tatsächlich zu Entspannung verhilft. Wie in jedem anderen Bereich sollten wir uns stets fragen, ob ein angebotenes Produkt einen nachvollziehbaren Nutzen hat und dem eigenen Pferd wirklich guttut – oder ob es keinen oder sogar einen negativen Einfluss haben könnte.
In der Pferdewelt gibt es viele sinnvolle, aber ebenso zahlreiche überflüssige Produkte.

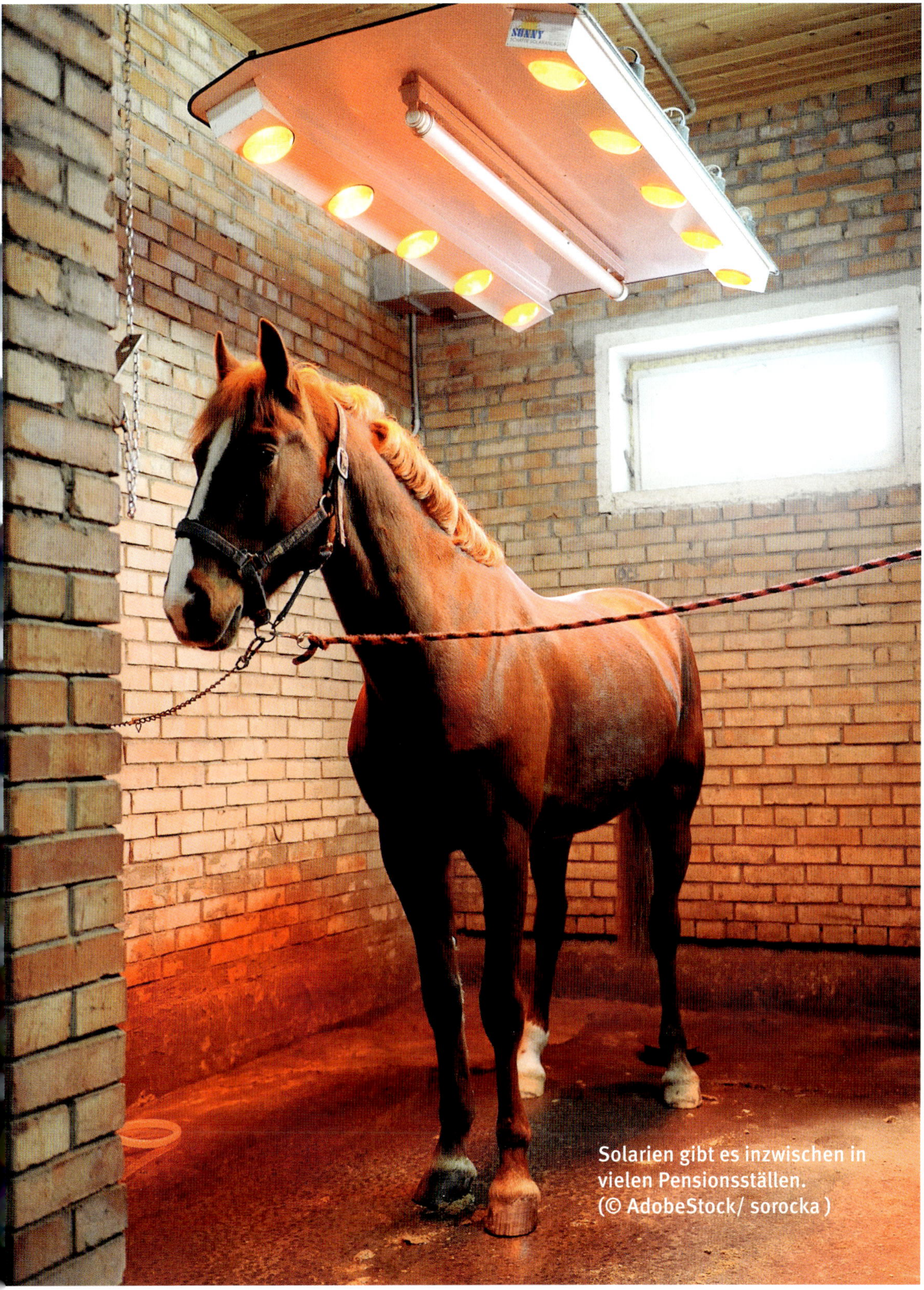

Solarien gibt es inzwischen in vielen Pensionsställen. (© AdobeStock/ sorocka)

EIN LANGER WEG

(mit Rückschlägen)

Jedes Lebewesen ist ein Individuum. Im Umgang mit dem Pferd treffen stets zwei Individuen aufeinander: das Pferd und der Mensch. Wie schnell ein Pferd seine Rückenschmerzen überwinden kann – und ob ihm dies überhaupt gelingt –, hängt von verschiedenen Faktoren ab. Die Ausprägung und der klinische Schweregrad der Erkrankung spielen dabei oft eine geringere Rolle, als zunächst vermutet wird.

So gibt es Pferde mit einem schweren Befund, die sich vergleichsweise leicht dazu motivieren lassen, ihren Rücken wieder zu bewegen, Muskulatur aufzubauen und sich zügig wieder reiten zu lassen. Andere Pferde weisen klinisch eher geringgeradige Veränderungen auf, zeigen sich jedoch so schmerzhaft, dass der therapeutische Prozess sehr langwierig ist und von zahlreichen Rückschlägen begleitet wird.

Eine ebenso große Bedeutung kommt dem Menschen zu, der sich mit der Erkrankung auseinandersetzt. Wie hoch ist seine Motivation, sich intensiv mit der Erkrankung zu beschäftigen? Bringt er die innere Stärke mit, sich selbst zu reflektieren, das eigene Handeln kritisch zu hinterfragen und gegebenenfalls Trainingsmethoden sowie Haltungsbedingungen zu verändern? Reichen Geduld und Ausdauer aus, um Rückschläge zu verkraften und trotzdem weiterzumachen? Und ist er empathisch genug, Wohlbefinden und Unwohlsein seines Pferdes zuverlässig zu erkennen?

Nicht außer Acht gelassen werden dürfen zudem die Stimmen von außen. Gut gemeinte Ratschläge von Stallkollegen und Freunden sind ebenso häufig wie kritische Kommentare, skeptische Bemerkungen, negative Äußerungen oder offenes Unverständnis.

(Fach-)Personen, die Betroffene in einer solchen Situation konstruktiv begleiten und den richten Weg (mit) einschlagen, lassen sich mitunter nur schwer finden. Nicht selten erfordert es Mut, sich über Meinungen aus dem Freundes- und Bekanntenkreis hinwegzusetzen. Den eigenen Weg zu finden und konsequent zu verfolgen, verlangt ein hohes Maß an innerer Stärke. Auch vorhandene oder fehlende Trainings- und Haltungsbedin-

Das Steigen – häufig ein Zeichen für Rückenschmerzen. (© Nina Behle Fotografie)

Viel freie Bewegung ist für ein Kissing Spines-Pferd Grundlage zur Schmerzfreiheit. (© AdobeStock/ Annabell Gsödl)

gungen beeinflussen die Entwicklung eines Kissing Spines-Pferdes maßgeblich. Viel freie Bewegung – idealerweise innerhalb eines stabilen Gruppenverbands – trägt wesentlich zum Wohlbefinden des Pferdes bei und wirkt sich positiv auf Muskulatur und Psyche aus. Wie bereits in einem vorherigen Kapitel beschrieben, bedeutet dies jedoch nicht zwingend Offenstallhaltung. Ähnlich wie beim Thema Eindecken ist auch hier individuell zu entscheiden, ob ein Offenstall oder ein eigener Schlafplatz für die Nacht (Box) die bessere Lösung darstellt. Ebenso wurde bereits erwähnt, dass für ein sinnvolles Training keine luxuriöse Reithalle erforderlich ist. Ein vielseitig nutzbarer Reitplatz bietet in den meisten Fällen vollkommen ausreichende Bedingungen.

Je perfekter also die Haltungs-, Ernährungs- und Trainingsbedingungen sind und je mehr Fachwissen, Reflexionsfähigkeit und Bereitschaft zur Veränderung der Mensch mitbringt, desto größer sind die Chancen für das Pferd, seine Rückenschmerzen langfristig zu überwinden.

Die Optimierung all dieser Faktoren benötigt jedoch Zeit. Auch Rückschläge müssen – wie ich immer wieder gerne betone – unbedingt einkalkuliert werden. Das Schädlichste im Aufbau eines Kissing Spines-Pferdes ist daher, sich selbst unter Zeitdruck zu setzen.

ALLES OPTIMAL! WARUM KLAPPT DAS REITEN NICHT?

Ein Kissing Spines-Pferd mit Rückenschmerzen aus der Schmerzspirale herauszuführen, ist ein langer Weg und ein Entwicklungsprozess, der häufig von Rückschlägen begleitet wird. Besonders frustrierend kann es sein, wenn auf einen deutlichen Fortschritt plötzlich und scheinbar ohne nachvollziehbaren Grund ein Rückschritt folgt.
Doch warum kommt es überhaupt zu solchen Rückschlägen?
Gehen wir davon aus, dass die Haltungsbedingungen inzwischen optimal gestaltet sind, der Trainingsplan für die Bodenarbeit greift, das Pferd sichtbar Muskulatur aufgebaut hat und insgesamt einen entspannten, bewegungsfreudigen und kooperativen Eindruck macht. Die Voraussetzungen scheinen also ideal, um mit dem Reiten (wieder) zu beginnen.
Nach langer Zeit erneut in den Sattel zu steigen, ist für viele Reiter ein erhebendes Gefühl, gleichzeitig kann dieser Moment jedoch auch mit Unsicherheit und Ängsten verbunden sein. Die Hoffnung ist groß, dass das Pferd den Reiter nun ebenso willig und freudig trägt, wie es zuvor vom Boden aus mitgearbeitet hat. Doch kaum sitzt der Reiter im Sattel, wird die Anspannung des Pferdes spürbar – eine Anspannung, die sich häufig durch die Nervosität des Reiters noch verstärkt. Die ersten Schritte fühlen sich hölzern an und noch bevor der Reiter richtig begriffen hat was passiert, liegt er schon im Dreck. Das Pferd hat ihn abgeworfen.

Die Psyche des Pferdes

Aus Sicht des Reiters sind alle Voraussetzungen für einen schmerzfreien Pferderücken geschaffen worden.
Aus Sicht des Reiters bewegt sich das Pferd an der Longe in den richtigen Muskelketten.
Aus Sicht des Reiters ist das Pferd bereit, wieder Reitergewicht zu tragen und geritten zu werden.
Wird das Pferd unter diesen Umständen dennoch widersetzlich und befördert den Reiter zu Boden, noch bevor dieser richtig im Sattel Platz genommen hat, fühlt es sich für viele an, als würde die Welt zusammenbrechen.
Zunächst gilt es, ehrlich zu überprüfen, ob die Voraussetzungen für das Reiten tatsächlich vollständig erfüllt sind.
Sind entzündliche Prozesse im Rücken wirklich vollständig abgeklungen? Hat das Pferd seine Rückenmuskulatur so weit aufgebaut, dass die Dornfortsätze der Brust- und Lendenwirbelsäule nicht mehr hervortreten, sondern idealerweise gut im langen Rückenmuskel eingebettet sind? Ist die Brust- und Bauchmuskulatur ausreichend gekräftigt, um den gesamten Brustkorb zu heben und zu tragen – und zeigt sich diese Tragfähig-

Das erste Mal wieder in den Sattel steigen. Der Gedanke kann nervös machen.
(© AdobeStock/Alexia Bragina)

keit auch in der Bewegung?
Lassen sich all diese Fragen mit einem klaren Ja beantworten, liegt die Ursache für die Probleme mit hoher Wahrscheinlichkeit im psychischen Bereich.
Die Psyche des Pferdes ist wissenschaftlich noch vergleichsweise wenig erforscht und spielt im Trainings- und Leistungsdenken oft eine eher untergeordnete Rolle. Der Fokus liegt meist auf dem Körper. Dabei sind es gerade Psyche und Charakter, die im Turniersport über Erfolg oder Misserfolg entscheiden und die maßgeblich beeinflussen, ob ein Kissing Spines-Pferd bereit ist, sich auf Hilfe bei seinem Rückenproblem einzulassen.
Psyche und Charakter sind zugleich die Faktoren, die es nahezu unmöglich machen, ein einheitliches Trainingsprogramm zu entwickeln, das auf jedes Kissing Spines-Pferd übertragbar ist. Genau deshalb muss diese Erkrankung stets individuell betrachtet werden, und deshalb sind Verlauf und pathologische Genesung so schwer vorhersehbar.
Es gibt Pferde, bei denen die körperlichen Voraussetzungen stimmen und die sich anstandslos wieder auf das Reiten einlassen. Bei ihnen geht es im weiteren Verlauf vor allem darum, dass mit ihnen zukünftig dauerhaft nach einem sinnvollen, aufbauenden Trainingskonzept gearbeitet wird.
Andere Pferde – und dies sind die besonders herausfordernden Fälle – haben ein stark ausgeprägtes Schmerzgedächtnis, einen selbstbewussten Charakter

Bist du vor deinem ersten Reitversuch so nervös, dass die Übertragung deiner Nervosität auf dein Pferd wahrscheinlich ist, können kurze Laufeinheiten oder gezielte Atemübungen helfen, den eigenen Stresspegel zu senken – je nachdem, was individuell besser wirkt. Je ruhiger du bist, desto entspannter kann dein Pferd reagieren.

und wenig Vertrauen in den Menschen. Diese Pferde fallen trotz offensichtlich bestehender Schmerzfreiheit unmittelbar in alte Verhaltensmuster zurück. Sie warten nicht ab, bis erneut Schmerzen auftreten, sondern gehen fest davon aus, dass diese eintreten werden, und reagieren bereits im Vorfeld mit Widersetzlichkeit. Solche Pferde wieder an das Gerittenwerden heranzuführen, erfordert viel Zeit und ein äußerst kleinschrittiges Vorgehen.
Hinzu kommt, dass Reiter beim ersten Reitversuch nach langer Pause meist hohe Erwartungen haben und gleichzeitig in den allermeisten Fällen sehr nervös sind. Diese Anspannung überträgt sich leicht auf das Pferd und erschwert den Einstieg zusätzlich.
Machen wir uns nichts vor: Bei Widersetzlichkeit wird der Rücken des Pferdes selten frühzeitig untersucht. Häufig erfolgt zunächst eine Überprüfung des Equipments, insbesondere von Sattel und Trense. Sind diese in Ordnung, wird das Verhalten leider noch immer oft als

Widersetzlichkeiten werden häufig erst spät mit Rückenschmerzen in Verbindung gebracht. (© AdobeStock/ Mykola)

Gezüchtet werden leistungsstarke, aber häufig sehr sensible Pferde. (©AdobeStock/ Olga Itina)

Unart interpretiert. Die darauf folgenden sogenannten Erziehungsmaßnahmen bewegen sich dann nicht selten an der Grenze zur Tierquälerei.

Jungpferde durchlaufen – ähnlich wie Hunde oder Menschen – eine pubertäre Phase. Ein Pferd, das mit drei oder vier Jahren brav und kooperativ erscheint, kann sich mit fünf oder sechs Jahren deutlich verändern. Eine gute Grunderziehung ist daher unerlässlich. Pferde sind keine Kuscheltiere. Sie sind groß, kräftig und können für den Menschen gefährlich werden, wenn grundlegende Umgangsformen wie Aufhalftern oder Hufegeben nicht konsequent geübt werden. Dass (Jung-)Pferde gelegentlich ihre Grenzen austesten, ist daher völlig normal.

Hinzu kommt die genetische Komponente. Gezüchtet werden zunehmend sensible, leistungsstarke Bewegungswunder, deren Explosivität sie nicht immer zu idealen Freizeitpferden macht. In Kombination mit jugendlichem Alter kann es daher vorkommen, dass Pferde beim Reiten steigen, buckeln oder durchgehen, ohne dass zunächst ein medizinisch auffälliger Befund vorliegt. Abgeklärt werden sollte es aber auf jeden Fall.

Die Erfahrung zeigt, dass oft Monate oder sogar Jahre vergehen, bis der Verdacht aufkommt, dass hinter einer Widersetzlichkeit möglicherweise eine Rückenproblematik stecken könnte. Bis zur entsprechenden Diagnose bleibt dem Pferd also genügend Zeit, ein ausgepräg-

tes Schmerzgedächtnis zu entwickeln. Um dem entgegenzuwirken, sollten Widersetzlichkeiten daher nicht vorschnell als Unart bewertet werden. Stattdessen ist eine frühzeitige Ursachenforschung notwendig, bei der der Rücken eine zentrale Rolle spielt. Kissing Spines können zudem bereits bei Remonten auftreten. In solchen Fällen wird das Anreiten zu einem gefährlichen Unterfangen, und das junge Pferd verknüpft das Gerittenwerden frühzeitig mit Schmerz. Solche Pferde überhaupt zu verlässlichen Reitpferden auszubilden, ist äußerst schwierig und manchmal unmöglich.
Fakt ist: Bei all diesen Pferden, bei denen sich das Gerittenwerden schmerzhaft ins Gedächtnis eingebrannt hat, spielt die Psyche die entscheidende Rolle.
Fällt ein Pferd trotz sorgfältiger Vorbereitung vom Boden aus und trotz bestehender Schmerzfreiheit bei den ersten Reitversuchen in alte Verhaltensmuster zurück, bleibt dem Reiter nichts anderes übrig, als Frust und Enttäuschung runterzuschlucken, die Tränen wegzuwischen und im Training ein paar Schritte zurückzugehen.
Wie bereits in einem früheren Kapitel beschrieben, ist das Reiten ein sensibles Thema, an das hohe Erwartungen geknüpft sind und das sowohl Pferd als auch Reiter unter erheblichen Druck setzen kann. Entsprechend kleinschrittig muss dieser Prozess vorbereitet und erarbeitet werden. Hilfreich kann hierbei der Einsatz eines Trackers wie

Ein Anti-Schreck-Training kann helfen, die Psyche zu stärken und Vertrauen zum Menschen aufzubauen.
(©Julia Klüter)

Ein Tracker wie der Equisense Motion S. (hier am Sattelgurt befestigt) kann im Training hilfreich sein. (© Corinna Dicks)

dem Equisense Motion S. sein. Anhand der Herzfrequenzkurve lässt sich leicht ablesen, an welchem Punkt Stress beim Pferdes entsteht.
Wir haben einen solchen Tracker bei Clara genau zu diesem Zweck eingesetzt. Erwartet hatte ich, dass der Moment des Aufsitzens Stress auslöst. Tatsächlich stieg die Herzfrequenz jedoch erst in dem Moment stark an, in dem sie nach dem Aufsitzen das Signal erhielt, sich in Bewegung zu setzen. Sobald sie merkte, dass sich während der ersten Schritte kein Schmerz einstellte, nahm die Herzfrequenz rasch wieder ab. In den folgenden Tagen lag der Fokus daher gezielt auf dem Angehen – zur Sicherheit begleitet von einer Person am Boden, die bei Bedarf in die Zügel hätte greifen können. Nebenbei bemerkt eignet sich ein solcher Tracker auch hervorragend zur Beobachtung allgemeiner Trainingsfortschritte.
Bei Pferden mit ausgeprägtem Schmerzgedächtnis kann es deutlich länger dauern, sie davon zu überzeugen, dass das Reiten keine Schmerzen mehr verursacht. Auch vom Boden aus lassen sie sich langsamer auf neue Bewegungsmuster ein und begegnen Veränderungen und Neuem oft mit großer Skepsis. Erwünschtes Verhalten – also der Mut, sich auf den Menschen einzulassen und Muskulatur zu lockern, die das Pferd zuvor gelernt hat anzuspannen – sollte daher konsequent belohnt werden. Wie im vorherigen Kapitel „Reiten“ beschrieben, ist es möglich, ein Pferd über ein Lobwort zu konditionieren und dadurch auch aus der Ferne das Pferd für gewünschtes Verhalten positiv zu bestärken.
Ein praktisches Beispiel: Begegnet das Pferd dem Aufsitzen mit Skepsis, kann dieser Moment positiv konditioniert werden, indem es unmittelbar nach dem Aufsitzen vom Reiter – vorzugsweise von der rechten Seite – ein Leckerli erhält, begleitet vom Lobwort.
Selbstverständlich kommen Lobwort und Leckerlis nicht erst in der Phase des Reitens zum Einsatz. Sie begleiten das Kissing Spines-Pferd durch den gesamten Trainingsprozess – immer dann, wenn erwünschtes Verhalten gezeigt wird und gezielt gefördert werden soll.

Hinweis:

In der aktuellen Version der Equisense -App wurde die detaillierte grafische Darstellung der Herzkurve leider entfernt. Dieser Umstand wurde von vielen Nutzern bereits kritisiert. Es bleibt zu hoffen, dass die Funktion in einer zukünftigen Version wieder integriert wird.

Gesundheit ist Teamarbeit

Das optimale Management eines Kissing Spines-Pferds erfordert eine funktionierende Teamarbeit. Neben dem Pferdebesitzer, bei dem selbstverständlich die Hauptverantwortung liegt und der letzt-

Gegenseitiges Vertrauen aufbauen. Dies ist sowohl für das Pferd als auch für den Reiter wichtig.
(© AdobeStock/ PIC by Femke)

(©JAdobeStock/ Petra Fischer)

Gut ist es, wenn alle Dienstleister am Pferd als Team zusammen- arbeiten.

(© Vivien Weber)

(© AdobeStock/Chalabala)

lich alle Entscheidungen trifft, gehören Tierarzt, Therapeut, Sattler und Trainer zu den zentralen Bezugspersonen, die nach der Diagnose maßgeblichen Einfluss auf die Entwicklung des Pferdes haben. Ergänzend gehören je nach Situation weitere Fachkräfte zum Team, das das Kissing Spines-Pferd unterstützt: etwa Hufschmied oder Hufpfleger, ein Dentist sowie gegebenenfalls ein Futtermittelberater oder der Heilpraktiker.

Da die meisten Pferdebesitzer nach der Diagnose neue Wege einschlagen müssen, bestehende Trainings-, Haltungs- und Umgangsfaktoren überdenken und teilweise grundlegend verändern, fühlen sie sich in dieser Phase häufig verunsichert und überfordert. Unterstützung beim Auf- bzw. Umbau ihres Pferdes ist deshalb essenziell.

Während der Arbeit mit dem Pferd sollten regelmäßige Check-ups stattfinden, um zu überprüfen, ob sich das (neue) Trainingskonzept tatsächlich in die gewünschte Richtung entwickelt. Aus diesem Grund ist nicht nur die Zusammenarbeit zwischen dem Pferdebesitzer und den unterschiedlichen Fachkräften wichtig, sondern auch der Austausch der begleitenden Fachkräfte untereinander.

Nur, wenn alle Beteiligten, die Einfluss auf das Kissing Spines-Pferd nehmen, ein gemeinsames Ziel verfolgen – nämlich das Pferd aus seinen Rückenschmerzen herauszuholen und langfristig schmerzfrei zu halten –, kann dieses Ziel realistisch erreicht werden.

ES LOHNT SICH

Es ist leicht gesagt: „Trainiere das Pferd richtig, dann hat es keine Rückenschmerzen.“ Diesen Satz habe ich sogar schon von dem ein oder anderen Kollegen gehört. Wenn ich daran zurückdenke, dass Kissing Spines damals während meiner Ausbildung lediglich als eine von vielen Erkrankungen behandelt und eher beiläufig abgehandelt, sogar bagatellisiert wurde, überrascht mich eine solche Aussage im Nachhinein kaum. Entsprechend geriet ich zunächst nicht in Panik und machte mir keine großen Sorgen, als bei meiner Stute die Diagnose gestellt wurde. Zwar hatte ich bis dahin noch keine eigene Erfahrung mit Kissing Spines gemacht, dennoch war ich sehr optimistisch, Claras Rückenschmerzen schnell und unkompliziert in den Griff zu bekommen. Rückblickend betrachtet war das ausgesprochen naiv. Was folgte, war ein langer Weg voller Erkenntnisse, Selbstzweifel und Phasen des Alleinseins. Es gab niemanden, der mir so richtig helfen konnte. Einen erprobten roten Faden, an dem ich mich hätte orientieren können, gab es nicht. Immer wieder musste ich Rückschläge hinnehmen, und mehr als einmal saß ich frustriert und verzweifelt weinend in der Stallgasse.

Heute bin ich überzeugt davon, dass Kissing Spines zu den komplexesten Erkrankungen zählt, an denen ein Pferd leiden kann. Niemand kann garantieren, dass ein rückenkrankes Pferd mit ausgeprägter Schmerzsymptomatik jemals wieder vollständig schmerz- und symptomfrei reitbar wird.

Partner Pferd: In guten wie in schlechten Zeiten! (© Nina Behle Fotografie)

Doch haben wir als Pferdebesitzer überhaupt eine Wahl? Nein.

Sobald ein Pferd Rückenschmerzen entwickelt, bleibt keine andere Möglichkeit, als sich mit der Erkrankung auseinanderzusetzen und nach tragfähigen Lösungen zu suchen.

Natürlich besteht die Option, das Pferd „wegzustellen“, also das Training vollständig einzustellen, eine Weide zu suchen, das Pferd sich dort vermeintlich erholen zu lassen und einfach nicht mehr hinzuschauen. Ob dies dann tatsächlich eine Erholung für das Pferd oder doch eher für den Menschen ist, sei mal dahingestellt. Wie die vorherigen Kapitel gezeigt haben, verschwinden Rückenschmerzen nicht durch Nichtstun. Im Gegenteil: Ohne tragende Muskulatur verschlechtern sich die Beschwerden lediglich. Unterstützende Muskulatur entsteht jedoch nur durch ein gezieltes Training mit überschwelligen Reizen – nicht durch bloßes Herumschlendern auf einer Wiese.

Natürlich besteht auch die Möglichkeit, das Pferd zu verkaufen. Aber mal ehrlich: ein Verkauf bedeutet doch nur, das Problem und die Verantwortung auf eine andere Person zu übertragen. Abgesehen davon dürfte es schwierig werden, für ein Pferd mit dieser Diagnose in einer akut schmerzhaften Phase einen neuen Besitzer zu finden. Sowohl Wegstellen als auch Verkaufen schaden dem Kissing Spines-Pferd in den meisten Fällen psychisch wie physisch mehr, als dass sie helfen. Die verantwortungsvolle Auseinandersetzung mit der Erkrankung und der Versuch, das Pferd langfristig schmerzfrei zu trainieren, stellen daher häufig die einzige echte Chance dar, die dem Pferd bleibt.

Nach der Diagnose gibt es keine Garantie dafür, dass das Kissing Spines-Pferd dauerhaft und vollständig symptomfrei reitbar wird. Dennoch schaffen es viele dieser Pferde mit dem richtigen Management tatsächlich, sich wieder langfristig schmerzfrei unter dem Reiter zu bewegen.

Es erwartet den Pferdebesitzer ein langer, sehr individueller Weg mit Höhen und Tiefen. Allerdings lernten wir auf diesem Weg uns selbst und unser Pferd viel besser kennen. Der Blick auf Trainingsmethoden wird differenzierter, das Gespür dafür, was dem eigenen Pferd guttut und was nicht, wächst. Der Reitsport und das Leben als Pferdebesitzer werden dadurch abwechslungsreicher und reflektierter – und führen sehr häufig zu einer deutlich kritischeren Auseinandersetzung. Gelingt es schließlich, dass das eigene Pferd sich wieder vertrauensvoll reiten lässt, ist ein echtes Team entstanden. In diesem Moment wird deutlich, welch großes Privileg es ist, auf dem Rücken eines so sensiblen und wundervollen Lebewesens sitzen zu dürfen.

Springgymnastik ist im weiteren Training eine sinnvolle Ergänzung und fördert das gegenseitige Vertrauen. (© Nina Behle Fotografie)

FRAGEN UND ANTWORTEN

Wer dieses Buch bis zu diesem Kapitel aufmerksam gelesen hat, konnte hoffentlich bereits viele Antworten auf mögliche Fragen finden und Mut fassen, sich gemeinsam mit seinem Kissing Spines-Pferd der Erkrankung zu stellen und einen individuellen Lösungsweg einzuschlagen.
Dennoch möchte ich im Folgenden einige der Fragen aufgreifen, die vielen meiner Kunden unmittelbar nach der Diagnose Kissing Spines durch den Kopf gingen.
Als mir damals die Idee zu diesem Buch kam, habe ich gezielt all jene Fragen notiert, die mir im Laufe der Zeit immer wieder gestellt wurden – und auch die, die sich meine Kunden im Stillen selbst stellten, meist begleitet von Sorgen, Unsicherheit und dem Gefühl, etwas falsch gemacht zu haben. Da sich viele dieser Fragen ähnelten, vermute ich, dass du dich als Leser in der einen oder anderen wiederfinden wirst. Die Antworten versuche ich so sachlich, verständlich und praxisnah wie möglich zu formulieren.
Die Selbstzweifel, die bei vielen Besitzern von Kissing Spines-Pferden nach der Diagnose aufkommen, lassen das gesamte Thema schnell sehr emotional und subjektiv erscheinen. Nicht selten mischen sich Schuldgefühle, Zukunftsängste und die Sorge um die gemeinsame reiterliche Perspektive unter die ersten Gedanken. Umso wichtiger ist es, die folgenden Fragen und Antworten mit einem klaren, möglichst sachlichen Blick zu lesen. So ordnen sich viele Gedanken, und scheinbar ausweglose Situationen eröffnen vielleicht sogar neue Perspektiven.
Ziel der folgenden Antworten ist es daher, Orientierung zu geben, Unsicherheiten einzuordnen und den Blickpunkt wieder auf das Wesentliche zu lenken: das Wohl des Pferdes und einen konstruktiven, lösungsorientierten Umgang mit der Diagnose. Gleichzeitig sollen sie Mut machen, Verantwortung bewusst zu übernehmen, Entscheidungen reflektiert zu treffen und Schritt für Schritt Vertrauen in den eigenen Weg und in die Entwicklung des Pferdes zurückzugewinnen.

Wird mein Pferd je wieder normal reitbar?

Mit dem richtigen Management und einem passenden, durchdachten Training kann (fast) jedes Kissing Spines-Pferd wieder zu einem verlässlichen Reitpferd werden. Dieser Prozess kann allerdings viel Zeit in Anspruch nehmen und hängt maßgeblich von der psychischen Verfassung, dem Charakter und der Arbeitseinstellung des Pferdes ab.

Welches Gewicht kann mein Pferd maximal tragen?

Pferde sind keine Gewichtsträger – auch wenn dies in manchen Rasseporträts gern anders dargestellt wird. Lange galt die Faustregel, dass der Reiter maximal zehn Prozent des Pferdegewichts wiegen sollte; mittlerweile wird diese Grenze häufig auf 15 Prozent erweitert. Unabhängig davon profitiert jedes Pferd – ob gesund oder rückenkrank – davon, möglichst wenig Gewicht tragen zu müssen. Ein Pferd, das muskulär gut aufgestellt und körperlich grundsätzlich gesund ist, kann meiner Erfahrung nach jedoch auch einen um etwa zehn Kilogramm schwereren Reiter problemlos tragen, vorausgesetzt, dieser verfügt über einen ausbalancierten Sitz und eine gute Körperspannung.

Wie und wann decke ich mein Pferd ein?

Diese Frage lässt sich nur individuell beantworten. Bildet ein Pferd frühzeitig ein sehr dickes und dichtes Winterfell und wird nicht geschoren, benötigt es in der Regel später eine Decke als ein Pferd mit wenig Winterfell oder ein gegeschorenes Pferd. Meiner Erfahrung nach empfinden es Kissing Spines-Pferde allerdings meist als angenehmer, etwas zu warm eingepackt zu sein, als zu frieren. Ins Schwitzen sollte das Pferd unter der Decke allerdings keinesfalls geraten.

Benötige ich spezielle Pads unter dem Sattel oder reicht ein gut angepasster Sattel?

Ich empfehle insbesondere zu Beginn des (Wieder-) Reitens, selbst bei einem gut angepassten Sattel, zusätzlich ein Pad zu verwenden. Pads wirken stoßdämpfend und kommen dem empfindlichen Rücken eines Kissing Spines-Pferdes deutlich zugute.

Was kann ich zum Aufwärmen vor dem Reiten tun?

Abgesehen von einem Solarium oder Rückenwärmern empfiehlt es sich, das Pferd vor dem Aufsitzen etwa 15 Minuten im Schritt zu führen. Dies lockert die Muskulatur und gibt dem Pferd Zeit, sich an den Sattel zu gewöhnen. Zudem kann das Nachgurten während dieser Phase ruhig und in mehreren Etappen erfolgen, was sich bei Pferden mit Sattel- oder Gurtzwang häufig entspannend auswirkt.

Hat mein Pferd Schmerzen?

Hätte das Pferd keine Schmerzen, würde es weder Leistungsabfall noch Abwehrreaktionen oder Lahmheit zeigen – und es gäbe keinen Anlass, nach einer Ursache zu forschen, die am Ende Kissing Spines heißt. Wurden die Kissing Spines also nicht als Zufallsbefund diagnostiziert, sondern waren der Grund für den Tierarztbesuch, dann lautet die Antwort eindeutig: ja.
Schmerzanzeichen lassen sich bei Pferden häufig bereits an ihrer Mimik erkennen. Dazu gibt es mittlerweile ein wissenschaftlich entwickeltes Bewertungsschema, das im Internet unter dem Begriff „Horse Grimace Scale (HGS)“ zu finden ist.

Schmerzgesicht

Kamen die Rückenschmerzen durch die Kissing Spines – oder entstanden Letztere durch Rückenschmerzen und eine daraus resultierende Fehlhaltung?

Rückenschmerzen bedeuten nicht automatisch, dass ein Kissing Spines-Befund vorliegt. Eine Fehlhaltung kann jedoch zur Entstehung von Kissing Spines führen und in der Folge Rückenschmerzen verursachen. Andersherum können bestehende Kissing Spines schmerzhaft sein und dazu führen, dass das Pferd eine Schon- oder Fehlhaltung einnimmt, um die Schmerzen zu reduzieren. Beide Szenarien sind möglich.

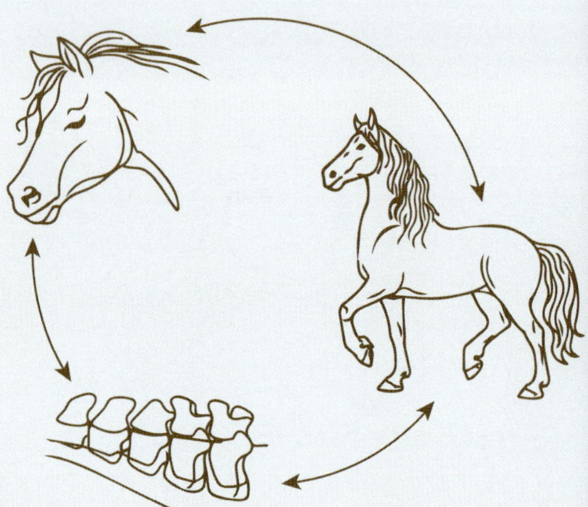

Sind Kissing Spines heilbar?

Grundsätzlich nein.
Bei sehr jungen Pferden, deren Wirbelsäule sich noch im Wachstum befindet, können sich die Dornfortsätze im Zuge der körperlichen Entwicklung weiter voneinander entfernen, sodass sich Engstände (teilweise) auflösen.
Bei Pferden mit weitgehend ausgewachsener Wirbelsäule ist dies jedoch nicht mehr möglich. In diesen Fällen verschwindet der Befund nicht vollständig – ausgenommen sind operative Eingriffe.

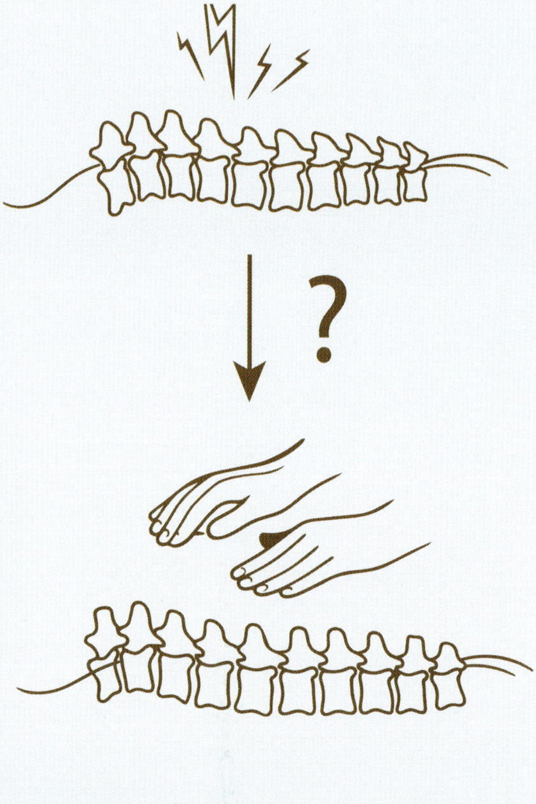

Woran erkenne ich eine Verbesserung der Rückenmuskulatur und des Erscheinungsbildes meines Pferdes?

Am zuverlässigsten lassen sich Veränderungen anhand von Vorher-Nachher-Bildern beurteilen. Wer täglich mit seinem Pferd zu tun hat, nimmt körperliche Veränderungen oft erst wahr, wenn sie sehr deutlich ausfallen. Um zu überprüfen, ob sich das eigene Pferd während des Trainings in die richtige Richtung entwickelt, sind daher Fotos im Seitenprofil sinnvoll, bei denen das Pferd sowohl auf dem Vorher- als auch auf dem Nachher-Bild möglichst dieselbe Haltung einnimmt und idealerweise vor einem ähnlichen Hintergrund steht.
Eine Verbesserung der Rückenmuskulatur zeigt sich insbesondere daran, dass die Dornfortsätze der Brust- und Lendenwirbelsäule zunehmend optisch „verschwinden“, weil sie wieder vom langen Rückenmuskel eingebettet werden.

Eignet sich ein Kissing Spines-Pferd für die Zucht?

Grundsätzlich ist das möglich. Dabei stellt sich allerdings die Frage, ob man einer Stute das zusätzliche Gewicht eines Fohlens im Bauch zumuten möchte. Die ohnehin geschädigte Wirbelsäule wird während einer Trächtigkeit erheblich belastet.

Ist die Stute muskulär gut aufgestellt und symptomfrei, kann eine einzelne Trächtigkeit durchaus verkraftbar sein. Von einem dauerhaften Einsatz als Zuchtstute würde ich jedoch abraten. Ebenso wenig empfehlenswert ist ein dauerhafter Einsatz als Zuchthengst. Ob im Natursprung oder mithilfe eines Phantoms – der Deckakt ist für einen Hengst körperlich sehr anstrengend und kann bei entsprechendem Befund zu Rückenschmerzen führen. Außerdem liegt die Vermutung nahe, dass Kissing Spines vererbbar sein können. Stuten und Hengste mit diesem Befund würde ich daher generell von der Zucht ausschließen.

Welche Kosten kommen auf mich zu?

Konkrete Zahlen lassen sich hier nicht nennen. Die tierärztliche Diagnostik und Behandlung ist kostenintensiv, ebenso die regelmäßige Betreuung durch einen Therapeuten – insbesondere zu Beginn, da er da häufiger zu Besuch sein wird, als bei gesunden Pferden. Hinzu kommen möglicherweise zusätzliche Decken, Fortbildungen im Bereich Bodenarbeit sowie später, wenn das Pferd psychisch und physisch so gut aufgestellt ist, dass es wieder geritten werden kann, ein sehr gut angepasster Sattel, der während des Aufbautrainings häufiger als einmal jährlich überprüft werden sollte. Dafür entfallen in vielen Fällen zunächst die Kosten für Reitunterricht.

Ist eine OP sinnvoll?

Vor einer Operation sollten immer zunächst alle konservativen Alternativen ausgeschöpft werden. Ich würde daher immer erst versuchen, mein Pferd durch Training aus den Schmerzen herauszuholen. Ein biomechanisch korrektes Training ist für die Gesunderhaltung jedes Reitpferdes essenziell. Ob eine Operation dennoch sinnvoll ist, sollte immer individuell und gemeinsam mit dem behandelnden Tierarzt entschieden werden.

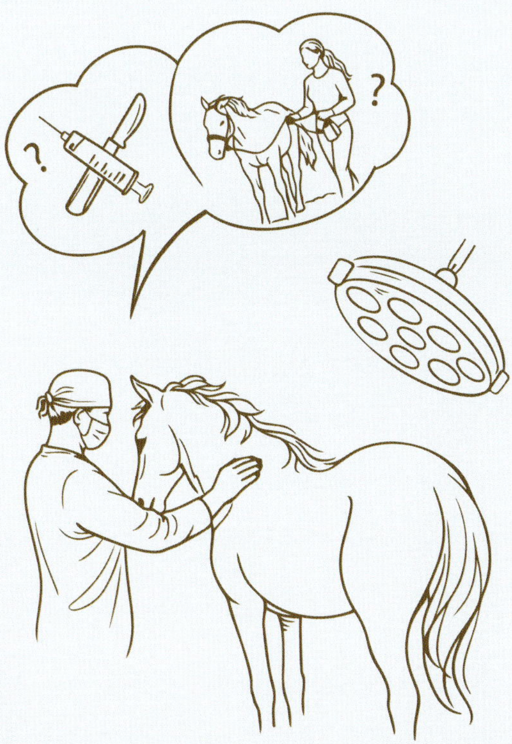

Bin ich Schuld an der Diagnose?

Diese Frage lässt sich nur durch ehrliche Selbstreflexion beantworten. Wer seine eigene Reitweise und den Umgang mit dem Pferd kritisch hinterfragt, wird für sich selbst eine Antwort finden.

Soll ich mein Kissing Spines-Pferd lieber verkaufen oder behalten?

Dies ist eine ethische Entscheidung. Für mich persönlich stand von Anfang an fest, dass ich Clara behalten würde. Dafür habe ich meine reiterlichen Ambitionen zurückgestellt und war bereit, mich auf einen ungewissen Weg einzulassen. Sportliche Ziele zu haben ist jedoch nicht verwerflich. Die Haltung eines Pferdes ist kostspielig, und nicht jeder ist bereit oder in der Lage, diesen Weg zu gehen. Ein frustrierter, unglücklicher Pferdebesitzer, der in seinem kranken Pferd nur ein Hindernis für sofortigen sportlichen Erfolg sieht, der sollte sein Pferd lieber in andere Hände geben. Wichtig ist in diesem Fall, beim Verkauf ehrlich gegenüber den Interessenten zu sein bezüglich der Diagnose, sowie sehr genau darauf zu achten, in wessen Hände das Pferd übergeht. Das Schlimmste, was einem Kissing Spines-Pferd passieren kann, ist, zum Wanderpokal zu werden.

Wie gehe ich mental mit der Diagnose um?

Diese Frage kann letztlich nur jeder Pferdebesitzer für sich selbst beantworten. Die Antwort hängt stark von der persönlichen Einstellung zum Pferd und den eigenen sportlichen Erwartungen ab.
Ich hoffe jedoch, dass dieses Buch dazu beiträgt, Kraft und die Zuversicht zu entwickeln, um dem eigenen Pferd aktiv aus seinen Schmerzen herauszuhelfen.
Auch kann es helfen, sich über Foren im Internet mit Gleichgesinnten auszutauschen.

Wie kann mein älteres Pferd trotz erschwerter Bedingungen Muskulatur aufbauen?

Wie bei uns Menschen wird es auch für Pferde mit zunehmendem Alter anspruchsvoller, Muskelmasse aufzubauen. Grundsätzlich gilt, dass Pferde etwa ab ihrem 15. Lebensjahr eher zum Muskelabbau als zum Muskelaufbau neigen – selbst bei kontinuierlichem Training. Äußere Faktoren wie Haltungs- und Fütterungsbedingungen beeinflussen diesen Prozess jedoch maßgeblich. Im Training eines älteren Pferdes liegt der Schwerpunkt daher häufig darauf, die vorhandene Muskulatur zu erhalten und gezielt zu stabilisieren, anstatt ausschließlich auf Zuwachs hinzuarbeiten. Ein an das Alter angepasstes Kraftfutter, bei dem beispielsweise auf eine ausreichende Versorgung mit Aminosäuren, hochwertigem Protein und Omega-3-Fettsäuren geachtet wird, kann das Training sinnvoll unterstützen. Fünfzehnjährige Pferde würde ich allerdings nicht pauschal als Senioren bezeichnen. Viele Pferde sind in diesem Alter durchaus noch in der Lage, Muskulatur aufzubauen – vorausgesetzt, die Trainings-, Haltungs- und Fütterungsbedingungen stimmen. Allerdings geschieht dies in der Regel nicht mehr in dem Umfang und in der Geschwindigkeit wie in jüngeren Jahren.

Wann ist der Zeitpunkt gekommen, mein Pferd einschläfern zu lassen?

Auch diese Entscheidung lässt sich nicht pauschal beantworten.
Häufig zeigen Pferde deutlich, wenn sie keinen Lebenswillen mehr haben. Mögliche Anzeichen dafür sind trübe Augen, ein schmerzverzerrter Gesichtsausdruck („Horse Grimace Scale"), schlechtes Fressverhalten und ausgeprägte Teilnahmslosigkeit.
Eine solche Entscheidung sollte nie allein getroffen werden, sondern immer gemeinsam mit Menschen, die das Pferd und einen selbst gut kennen, sowie in Rücksprache mit dem Haustierarzt.

Illustrationen © Agnes Trosse

© Nina Behle Fotografie

QUICKINFOS

Gutes Training basiert auf verlässlichen Richtwerten.
Das bedeutet, dass wir uns im Training an wissenschaftlich erarbeiteten, messbaren Parametern orientieren können. Anhand dieser Werte lässt sich einschätzen, wie trainiert oder untrainiert ein Pferd zu Beginn ist, wie ein sinnvoller Trainingsstart aussehen sollte und ob sich das Training im weiteren Verlauf positiv oder negativ entwickelt. Richtwerte helfen außerdem dabei, den grundsätzlichen Energiebedarf des Pferdes einzuschätzen und liefern wichtige Hinweise auf seinen Gesundheitszustand. Sie ersetzen nicht die tierärztliche Diagnose, können jedoch frühzeitig Veränderungen sichtbar machen.
Obwohl ich im täglichen Training großen Wert auf Beobachtungsgabe und gesunden Menschenverstand lege – und viele Signale meines Pferdes allein durch Erfahrung deuten kann –, bilden messbare Werte eine objektive Grundlage. So erkenne ich beispielsweise eine muskuläre Ermüdung im Stangentraining daran, dass das Pferd beginnt, die Stangen mit den Hufen zu streifen, statt sie wie zuvor taktsicher und ohne Berührung zu überwinden. Solche Beobachtungen sind wertvoll, gewinnen jedoch erst im Zusammenspiel mit objektiven Daten ihre volle Aussagekraft.
Ein nachhaltiger Trainingsaufbau entsteht daher aus der Kombination von Erfahrung, Gefühl und überprüfbaren Fakten. Nur wenn subjektive Wahrnehmung und objektive Messwerte übereinstimmen oder sich sinnvoll ergänzen, entsteht ein klares Bild vom aktuellen Trainingszustand. Einige dieser Werte sind in den vorherigen Kapiteln bereits mehrfach angesprochen worden. Für eine schnelle Orientierung und als praktische Unterstützung im Training deines Kissing Spines-Pferdes habe ich sie im Folgenden zusammengefasst und um weitere wichtige Parameter ergänzt.

Die PAT-Werte (Pferd)

Puls
- 28 – 40 Schläge/Minute (Ruhezustand)
- 70 – 110 Schläge/Minute (Schritt)
- 140 – 160 Schläge/Minute (Trab)
- über 160 Schläge/Minute (Galopp)
- bis zu 240 Schläge/Minute (bei Maximalbelastung)

Atmung
- 8 – 16 Atemzüge/Minute (Ruhezustand)
- bis zu 140 Atemzüge/Minute (unter Belastung)

Temperatur
- 37,5 – 38,0 °C (Normalbereich)
- maximal 41,0 °C (bei starker Belastung)

Hinweise:

- Bei Ponys können Puls und Atmung im Ruhezustand höher liegen als beim Großpferd.
- Wirkt sich das Training positiv aus, sinkt der Ruhepuls, und die Regenerationszeit nach Belastung verkürzt sich.
- Dasselbe gilt für die Atmung: Je schneller sie sich nach Belastung normalisiert, desto besser ist der Trainingszustand des Pferdes.
- Bei einem gesunden Pferd sollte der Puls innerhalb von 5 Minuten nach Belastung um 50 Prozent gesunken sein.

Wasserhaushalt

- Rund 50 – 70 Prozent des Körpergewichts bestehen aus Wasser (unter anderem Hauptbestandteil von Blut und Lymphe).
- Wasserbedarf bei ca. 500 Kilogramm Körpergewicht
  - 20 – 40 Liter/Tag (Erhaltungsbedarf)
  - etwa 35 Liter/Tag (bei leichter Arbeit)
  - mindestens 50 Liter/Tag (bei schwerer Arbeit)

Weitere Hinweise

- Je besser das Pferd trainiert ist, desto weniger Wasser und Elektrolyte verliert es über den Schweiß.
- Elektrolyte (zum Beispiel Natrium, Kalium, Chlorid und Magnesium) sind essenziell für den Wasserhaushalt und gehen bei starkem Schwitzen vermehrt verloren.
- Ein deutliches Zeichen für Elektrolytverlust ist schaumig-weißer Schweiß.
- In der Regel reicht das Zufüttern eines passenden Mineralfutters oder ein frei zugänglicher Salzleckstein aus, um Verluste auszugleichen.

Weitere Richtwerte

- Raufuttermenge: zwei Kilogramm pro 100 Kilogramm Körpergewicht und Tag
- Wirbelsäule: ist mit 5 – 6 Jahren ausgewachsen und stabil
- Sichtbarer Muskelzuwachs: erst nach etwa 4 – 12 Wochen (bei kontinuierlichem Training)
- Muskelumformung: erst nach etwa 8 – 12 Wochen sichtbar (bei kontinuierlichem Training).
- Muskelregeneration: dauert 24 – 72 Stunden
- Langfristige Anpassung der Muskulatur an die Belastung: beginnt nach etwa 4 – 6 Wochen
- Langfristige Anpassung von Sehnen und Bändern an die Belastung: beginnt nach etwa 3 – 6 Monaten
- Muskelabbau: beginnt bereits nach wenigen Tagen ohne Training, sichtbar nach 2 – 3 Wochen
- Verbesserung des Gleichgewichts: nach etwa 2 – 3 Monaten regelmäßigen Trainings

Warm-up und Cool-down

- Aufwärmphase (Warm-up): 15 Minuten Schritt damit sich die Synovia, also die Gelenkflüssigkeit, gleichmäßig verteilen und diese optimal auf stärkere Belastung zum Beispiel durch eine höhere Gangart vorbereiten kann. Die Gelenksflüssigkeit kann sich ausschließlich durch Bewegung verteilen. Auch Sehnen und Bänder werden durch die Bewegung im Schritt beweglicher, wodurch sich das Verletzungsrisiko verringert.
- Abwärmphase (Cool-down): 10 – 15 Minuten Schritt, damit die Muskeln Laktat abbauen, und das Herz-Kreislauf-System sich nach dem Training erholt.

Stangenabstände

- (abhängig von der Größe des Pferdes):
- Schritt: etwa 0,80 Meter
- Trab: etwa 1,30 Meter
- Galopp: etwa 3,00 Meter.

PRÄVENTION

Nach der Krankheit ist vor der Krankheit – oder?

In den meisten Fällen wird die Erkrankung Kissing Spines im Laufe eines Pferdelebens erworben und ist nicht angeboren. Frühere Pferdegenerationen galten als robuster und verfügten über ein stabileres Fundament als viele unserer heutigen Exemplare. Jahrzehntelange Zuchtziele mit Fokus auf Flexibilität, spektakuläre Bewegungen, Leistungsbereitschaft und Sensibilität – kombiniert mit der wiederholten Verwendung derselben Ahnenlinien in den Stammbäumen – haben beeindruckende Bewegungstalente hervorgebracht, die jedoch zugleich deutlich empfindlicher geworden sind.

Viele moderne Pferde sind hyperelastisch. Extrem lange Fesseln führen etwa dazu, dass der Fesselkopf beim Auffußen des Hufes beinahe bis zum Boden federt. Für den Reiter mag sich dies bequem anfühlen, für Gelenke, Sehnen und Bänder bedeutet es jedoch eine hohe Belastung durch ungünstige Winkelungen. Arthrosen und Sehnenschäden können so bereits in jungen Jahren die Folgen sein.

Auch ein hoch angesetzter Hals wird in der modernen Zucht häufig angestrebt. Pferden mit dieser Halsform fällt es leicht, sich aufzurichten, wodurch sie schon in jungen Jahren ein Bild vermitteln, das allgemein als „schön" und „gesund" wahrgenommen wird. Dass dieser Haltung häufig eine tragfähige muskuläre Grundlage fehlt und das Nackenrückenband nicht ausreichend stabilisiert ist, um das Reitergewicht schadlos zu tragen, wird dabei gerne übersehen. Solche Pferde verleiten zu Abkürzungen im Training – mit langfristigen Verschleißerscheinungen als mögliche Folge.

Das frühe Anreiten von Jungpferden sowie die hohen Anforderungen des Turniersports sind leider weiterhin weit verbreitet. Selbst wenn Bereiter ihre Pferde aus trainingsphysiologischer Sicht lieber später auf eine Turnierkarriere vorbereiten würden, ist dies in der Praxis häufig kaum möglich. Der sportliche und wirtschaftliche Druck innerhalb der Turnierwelt ist hoch, und es wird faktisch erwartet, dass fünfjährige Dressurpferde bereits auf L-Niveau vorgestellt werden,

Würde ich mir bewusst noch einmal ein Kissing Spines-Pferd kaufen? Ich weiß es nicht.

da dies die erste reguläre Einstiegsklasse darstellt. Auch wenn dies nicht ausdrücklich vorgeschrieben ist, hat sich diese Erwartungshaltung etabliert und prägt maßgeblich die Ausbildung junger Pferde. In anderen Reitsportdisziplinen beginnt der Turniereinsatz sogar noch früher: In manchen Verbänden werden Pferde bereits im Alter von zwei bis drei Jahren vorgestellt, und Rennpferde haben in diesem Alter ihre sportliche Höchstleistung oft bereits erreicht.
Die zunehmend instabile Zucht, hohe Leistungsanforderungen und eine fehlinterpretierte Pferdeliebe in Form von Reiten ohne systematisches Training sind zentrale Gründe dafür, weshalb Kissing Spines heute so häufig auftreten. Nur ein durchdachtes, langfristig angelegtes Training, das dem Pferd Zeit lässt, den individuellen Charakter berücksichtigt und mit möglichst pferdegerechten Haltungsbedingungen einhergeht, kann dazu beitragen, dass die Erkrankung gar nicht erst entsteht. Garantien gibt es dennoch nicht – schließlich handelt es sich um Lebewesen, und in Bezug auf Lebewesen gibt es niemals Garantien.
Ich denke, kaum ein Pferdebesitzer, der sich intensiv mit Kissing Spines auseinandersetzen musste, würde sich bewusst erneut für ein betroffenes Pferd entscheiden. Die Krankheit ist tückisch: Schon kleine Veränderungen in einem funktionierenden Management können dazu führen, dass das fragile Gleichgewicht kippt, das gesamte Kartenhaus in sich zusammenfällt und Rückenschmerzen erneut auftreten. Zudem funktioniert ein bewährtes Konzept nicht zwangsläufig bei jedem anderen Kissing Spines-Pferd.
Sollte sich der ein oder andere aber doch wieder für ein Kissing Spines-Pferd entscheiden, oder durch Umwege wieder zu einem kommen, wird der Umgang mit der Erkrankung leichter fallen. Erfahrung, Wissen und ein geschulter Blick helfen dabei, auch dieses Pferd in eine positive Richtung zu begleiten. Den entscheidenden Unterschied machen jedoch Psyche und Charakter des Pferdes. Sie erfordern stets einen individuellen, angepassten Umgang mit der Krankheit.

Zusammenfassung:

- Die Erkrankung wird in den meisten Fällen erworben und ist nicht angeboren.
- Die moderne Zucht bringt Bewegungswunder hervor, die zu trainingsbedingten Abkürzungen verleiten können.
- Instabile körperliche Voraussetzungen, hohe Leistungsanforderungen und falsch verstandene Pferdeliebe zählen heute zu den zentralen Ursachen für die Häufigkeit der Erkrankung.
- Tückisch: Ein bewährtes Trainingskonzept funktioniert nicht zwangsläufig bei jedem Kissing Spines-Pferd.
- Psyche und Charakter spielen eine entscheidende Rolle.
- Erfahrung, Wissen und ein geschulter Blick kommen jedem Kissing Spines-Pferd zugute.

© AdobeStock/Fotema

VIER BEISPIELHAFTE GESCHICHTEN

In der Pferdetherapie begegnen Therapeuten unterschiedlichste Krankheitsbilder. Einige treten jedoch deutlich häufiger auf als andere. Dafür kann es verschiedene Ursachen geben, etwa landschaftliche Gegebenheiten. In flachen Regionen begegnet uns beispielsweise das Problem der Patellaluxation (das Herausspringen der Kniescheibe) deutlich häufiger als in bergigen Gebieten, wo durch das regelmäßige Auf- und Absteigen die Kniebänder gewissermaßen automatisch stabilisiert und trainiert werden.

Beinahe jeder Therapeut entwickelt im Laufe seiner beruflichen Laufbahn – ich nenne es mal – eine gewisse Vorliebe für bestimmte Krankheitsbilder oder Therapieansätze. Manche legen ihren Schwerpunkt stärker auf die manuelle Arbeit, andere nutzen bevorzugt therapeutische Geräte. Auch der Trainingsaufbau von Sportpferden oder die Begleitung von Pferden in der Rekonvaleszenz können zu fachlichen Schwerpunkten werden. Selbstverständlich behandelt ein qualifizierter Therapeut jedes Krankheitsbild, das ihm vorgestellt wird – sofern es in sein Tätigkeitsfeld fällt und nicht in die Zuständigkeit eines Tierarztes gehört. Doch eine Spezialisierung oder ein besonderer Fokus entwickelt sich im Laufe der Jahre meist ganz von selbst. Dies kann aus persönlichem Interesse entstehen, aus der wiederholten Konfrontation mit bestimmten Diagnosen oder aus einem konkreten Problem, mit dem sich der Therapeut intensiv auseinandersetzen muss.

In meinem Fall fiel die Schwerpunktsetzung nicht schwer. Durch Clara hatte ich keine andere Wahl, als mich intensiv mit der Erkrankung Kissing Spines und der Beweglichkeit der Wirbelsäule auseinanderzusetzen. Anders als bei der Kniescheibenproblematik begegnen uns Rückenproblematiken beim Pferd nahezu überall – unabhängig von Region, Reitweise oder Rasse, wobei bestimmte Exterieure durchaus anfälliger sind.

Daher fiel es mir nicht schwer, vier beispielhafte Geschichten von Kundenpferden auszuwählen, die ich in diesem Buch vorstellen möchte. Sie sollen einen Einblick in den individuellen Werdegang dieser Pferde geben. Aus Gründen der Anonymität habe ich sowohl die Namen als auch einige unwesentliche Details verändert. Die Fotos zeigen zudem nicht die beschriebenen Pferde.

HUMMEL

Hummel war ein dreizehnjähriger Wallach, den seine Besitzerin mit dem Ziel gekauft hatte, ihn als zukünftiges Turnier-Springpferd vorzustellen. Bei seinem Vorbesitzer hatte er bereits erfolgreich Schleifen gesammelt, sodass seine weitere sportliche Laufbahn vielversprechend erschien.
So zog Hummel, begleitet von seiner neuen Besitzerin, in einen neuen Stall um. Die Trainingsbedingungen waren hervorragend, und zusätzlich stand eine Trainerin zur Verfügung, mit der die Besitzerin – selbst noch nicht sehr erfahren im Springreiten – intensiv zusammenarbeitete.
Hummel war ein kleiner Feuerstuhl. Sobald er einen Sprung sah, war er kaum zu bremsen und sprang aus nahezu jeder Lebenslage. Seine Besitzerin deutete dieses Verhalten zunächst als Ausdruck seiner guten Arbeitseinstellung. Doch von Reitstunde zu Reitstunde wurde das Losrennen heftiger, und es fiel ihr zunehmend schwerer, einen Springparcours fehlerfrei zu meistern.
Auch die Dressurarbeit gestaltete sich zunehmend problematisch. Hummel konnte sich kaum auf einzelne Lektionen konzentrieren, riss immer wieder den Kopf hoch und rannte scheinbar aus dem Nichts unkontrolliert los. Insgesamt war er so flott unterwegs, dass seine Besitzerin sich häufig nicht anders zu helfen wusste, als ihn durch starke Zügeleinwirkung zu bremsen oder indem sie gegen die Bande ritt. Da die Trainerin die deutlich bessere Reiterin war, setzte sie sich schließlich selbst auf Hummels Rücken. Doch auch ihr ging Hummel durch und begann zusätzlich, nach jedem Sprung heftig auszukeilen.
„Der ist skeptisch, ihr seid ja noch neu für ihn“, kamen gut gemeinte Ratschläge von den Stallkollegen. „Ihr müsst euch nur an einander gewöhnen.“
Gesagt. Getan.
Doch trotz teils erheblicher Krafteinwirkung seitens der Trainerin wurde Hummels Verhalten immer schlimmer. Bald wollte er sich nicht mehr an die Aufstiegshilfe stellen, blieb stehen, sobald er sie sah, oder ließ sich gar nicht erst korrekt daneben positionieren.
Auch beim Satteln zeigte er zunehmend Abwehrreaktionen: Er drückte den Rücken nach unten, legte die Ohren an und schnappte.
Da die Rückenmuskulatur sichtbar atrophierte und Hummel immer abwehrender auf den Sattel reagierte, wurde zunächst der Sattler hinzugezogen. Tatsächlich passte der Sattel aufgrund der inzwischen veränderten Rückenform nicht mehr und wurde entsprechend neu angepasst. An Hummels ablehnendem Verhalten änderte das jedoch nichts.
Als die Besitzerin schließlich bemerkte, dass ihr Wallach beim Putzen Berührungen mit der Bürste versuchte zu vermeiden, sobald diese über den Rücken strich, vereinbarte sie einen Termin bei ihrem Tierarzt.

Auch Springpferde können an Kissing Spines leiden. (© AdobeStock/ M. Bischof)

Springreiten – für manche Reiter das Größte.
(© AdobeStock/ Petra Eckerl)

Inzwischen waren elf Monate vergangen. Diagnose: Kissing Spines mit akuten Entzündungen im Bereich der Sattellage. Auf Empfehlung des Tierarztes wurden die Entzündungen mit Cortison-Spritzen behandelt. Anschließend sollte Hummel vier Wochen lang ausgebunden longiert werden. Danach, so die Hoffnung, sollte das Reiten wieder möglich sein.
War es aber nicht.
Aus den Gründen, die ich in den vorherigen Kapiteln bereits erläutert habe, zeigte Hummel nach der tierärztlichen Behandlung exakt dieselben Verhaltensmuster wie zuvor.
Nachdem die Besitzerin zum wiederholten Mal im Sand gelandet war, nahm sie Kontakt zu mir auf. Gemeinsam entwickelten wir einen abwechslungsreichen Trainingsplan, und Hummel zog ein weiteres Mal um. Denn es offenbarte sich ein entscheidender Faktor: Im Sommer hatte er lediglich drei Stunden Weidegang zur Verfügung, im Winter sogar nur eine Stunde Paddockzeit.
Das ist selbst für ein gesundes Pferd deutlich zu wenig.
In seinem neuen Zuhause verbrachte Hummel nun Sommer wie Winter täglich etwa sechs Stunden mit Artgenossen an der frischen Luft. Zusätzlich achtete die Besitzerin auf kurze Fresspausen, um möglichen Magenbeschwerden vorzubeugen. In der neuen Herde – einer Gruppe aus zehn Wallachen – entpuppte sich Hummel als ausgesprochen verspieltes Pferd. Zuvor hatte er allein auf Weide oder Paddock gestanden.

Als Hummel wieder bereit war, geritten zu werden, blieb das Training auch vom Sattel aus abwechslungsreich. Zudem gelang es der Besitzerin, Hummels Vorbesitzer (der solch widersetzliches Verhalten von Hummel gar nicht kannte, ihn folglich optimal gemanaget hatte) dafür zu gewinnen, ihr mit Hummel regelmäßig Reitunterricht zu geben. Zwei Jahre später bestritt Hummel erfolgreich das erste Turnier mit seiner neuen Besitzerin. Er entwickelte sich zu einem ausgeglichenen, voll leistungsfähigen Reitpferd.

Was geholfen hat:

- Ein Umzug – mit ausreichend freier Bewegung in der Gruppe und kurzen Fresspausen, wodurch sowohl Muskulatur als auch Stoffwechsel nachhaltig profitieren konnten
- Ein strukturierter Trainingsplan mit anfänglichem Schwerpunkt auf der Bodenarbeit, um Vertrauen, Koordination und tragfähige Muskulatur behutsam aufzubauen
- Reitunterricht bei einem Trainer, unter dessen Anleitung keine Rückenschmerzen auftraten und der die weitere Entwicklung fachlich kompetent begleitete

JOSY

Josy war eine große Warmblutstute, zu der ich gerufen wurde, weil sie lahmte. Die Diagnose Kissing Spines war kurz zuvor gestellt worden.
Josy lebte in einem Offenstall eines Pensionsbetriebs zusammen mit fünf weiteren Stuten. Raufutter stand zur freien Verfügung, und auch die Trainingsmöglichkeiten vor Ort waren grundsätzlich ausreichend.
Als mir die Besitzerin Josy vorstellte, wurde schnell offensichtlich, dass die Stute weit mehr Probleme hatte als „nur" eine Lahmheit. Sie war deutlich zu dünn, zeigte Kotwasser, hatte ein stumpfes Fell, und die Rückenmuskulatur war so stark atrophiert, dass sich eine sicht- und tastbare Kuhle zwischen den Dornfortsätzen und den Rippenbögen gebildet hatte.
Während der weiteren Adspektion (äußere Begutachtung) zeigte Josy zunächst keinerlei Berührungsempfindlichkeit. Weder Druck auf die Dornfortsätze noch auf die Rückenmuskulatur löste eine erkennbare Reaktion aus. Erst als ich mit der flachen Hand über die Bauchmuskulatur strich, trat sie augenblicklich nach mir.
Dieses Treten war eine deutliche Abwehrreaktion auf ihre Rückenschmerzen, denn jede Berührung des Bauches führte zwangsläufig zu einer Bewegung des Rückens – eine Bewegung, die Josy offensichtlich vermeiden wollte.
Die Gangbildanalyse offenbarte eine unklare Lahmheit. Solche Lahmheiten haben ihren Ursprung häufig im Bereich des Rückens. Ich entdeckte zusätzlich Verletzungen und Narbengewebe an den Fesselgelenken der Vorderbeine. In Kombination mit Josys teilnahmslosen Gesamteindruck lag der Verdacht auf eine Pseudonarkolepsie nahe.
Die Besitzerin berichtete, dass Josy innerhalb der Stutengruppe zu den rangniedrigen Pferden gehörte. Zwar werde sie häufig von der Heuraufe weggeschickt, bekäme aber ihrer Einschätzung nach dennoch ausreichend Heu. Außerdem sei die permanente freie Bewegung im Offenstall doch sehr wohltuend für Kissing Spines-Pferde, und sie müsse kein schlechtes Gewissen haben, wenn Josy nicht täglich von ihr bewegt werde. Die Besitzerin war Freizeitreiterin und wollte Josy keinen Zwängen aussetzen. Monotones Reiten in der Reithalle entsprach nicht ihrem Geschmack. Stattdessen ging sie lieber ausreiten – meist am Wochenende, für etwa zwei Stunden im Schritt, in einem Wanderreitsattel.

Info:

Pseudonarkolepsie entsteht infolge eines unzureichenden Tiefschlafs (REM-Schlaf). Pferde, die darunter leiden, wirken dauerhaft müde, knicken im Stehen in den Vorderbeinen ein und können sogar stürzen. Auf diese Weise entstehen häufig die typischen Verletzungen an den Fesselgelenken.

Nicht jedem Pferd kann geholfen werden.
(© AdobeStock/ PIC by Femke)

Auch weitere therapeutische Behandlungen wären sinnvoll gewesen.(©Nadine Dicks)

Bisher war sie davon ausgegangen, dass Josy diese Ausritte genoss. Inzwischen machten ihr jedoch einige Veränderungen Sorgen. Josy ging kaum noch im Schritt vorwärts, wenn die Besitzerin im Sattel saß, und auch das Treten unter den Bauch beim Putzen war für die Stute völlig untypisch.

Die Beschreibungen der Besitzerin und Josys gesamtes Erscheinungsbild machten deutlich, dass mehrere Probleme gleichzeitig bestanden. Zunächst erschien die aktuelle Haltungsform für Josy nicht optimal. Ein anderer Offenstall mit einer besser passenden Gruppenkonstellation, in der Josy weniger sozialem Stress ausgesetzt wäre, schien sinnvoll. Alternativ kam auch eine Haltung, bei der Josy die Nacht in einer Box verbringen könnte infrage, denn die Haltung im Offenstall ist nicht für jedes Pferd die richtige Wahl.

Bis zu diesem Punkt nahm die Besitzerin meine Erklärungen und Empfehlungen offen an. Als ich jedoch von einem gezielten Aufbautraining sprach und erläuterte, dass ein Pferd seinen Reiter nur dann schadlos tragen kann, wenn es entsprechend vorbereitet und trainiert wird, kamen bei ihr die ersten Zweifel auf. Im weiteren Gespräch wurde deutlich, dass der Besitzerin sowohl das reiterliche Vermögen fehlte, um ein solches Training umzusetzen, als auch die Bereitschaft, sich diesbezüglich fortzubilden.

Unser Behandlungstermin endete für beide Seiten frustrierend.

Ein paar Wochen später erfuhr ich, dass sich die Besitzerin eine zweite Meinung eingeholt hatte. Da ihr jedoch auch die dafür von ihr hinzugezogene Therapeutin ein Muskelaufbautraining empfahl, entschied sie sich schließlich, Josy zu verkaufen.

In welche Hände Josy kam, weiß ich leider nicht. Ich hoffe jedoch sehr, dass ihr neuer Besitzer von der Diagnose weiß und den Bedürfnissen der Stute mehr Raum gibt als den eigenen Vorstellungen.

Was hätte helfen können:

- Ein Umzug – idealerweise mit einer Box für die Nacht, damit Josy ungestört hätte ruhen und fressen können und sich der Organismus in stressfreier Umgebung hätte stabilisieren können
- Gezielte Bodenarbeit mit Josy hätte dazu beitragen können, Muskulatur schonend aufzubauen, Vertrauen zu fördern und Bewegungsmuster behutsam zu verbessern
- Reitunterricht auf einem anderen Pferd – damit die Besitzerin ein sicheres Gefühl für eine korrekte Hilfengebung hätte entwickeln und dieses später mit mehr Klarheit, Balance und Körpergefühl auf Josy hätte übertragen können

PAULCHEN

Paulchen war ein mittelgroßes stämmiges Pony, mit hohem Halsansatz. Es fiel ihm leicht, sich aufzurichten, er hatte jedoch deutliche Schwierigkeiten, in einer korrekten Vorwärts-Abwärts-Haltung zu arbeiten. Auch bei Paulchen war die Diagnose Kissing Spines bereits bekannt, als ich ihn zum ersten Mal behandelte. Die Besitzerin war eine gute und vielseitige Reiterin. Dennoch traten immer wieder Probleme auf. Selbst nach einer langen Lösungsphase schaffte es Paulchen nur selten, wirklich losgelassen durch den Körper zu schwingen und konstant an den Hilfen zu bleiben. Zudem neigte er dazu, plötzlich unkontrolliert loszugaloppieren. Dabei legte er sich auf das Gebiss und ließ sich nur schwer wieder durchparieren.
Während meiner ersten Behandlung stellte ich fest, dass Paulchens Rücken sehr empfindlich reagierte. Daraufhin stellte die Besitzerin ihn einem Tierarzt in einer Tierklinik vor. Der Tierarzt diagnostizierte akute entzündliche Prozesse in der Rückenmuskulatur und injizierte eine Cortisonmischung, die die Entzündungen abklingen ließ. In der Folge zeigte sich Paulchen deutlich entspannter: Er bewegte sich beim Reiten lockerer und schoss nicht mehr wie aus dem Nichts los.
Leider hielt diese positive Entwicklung nur einige Wochen an. Irgendwann schlichen sich Paulchens alte Verhaltensmuster wieder ein.

Zur Anamnese einer Behandlung gehört es für mich als Therapeutin, mir auch einen Überblick über die Haltungsbedingungen des Patienten zu verschaffen. Dabei fiel mir auf, dass das Boxenfenster zur Stallgasse hin (Paulchen lebte in einem Reitverein) so hoch angebracht war, dass er Kopf und Hals stark anheben musste, um überhaupt nach draußen schauen zu können. Diese Körperhaltung, die er – wie ich vermutete – über viele Stunden am Tag einnahm wenn er in seiner Box stand, brachte seinen Rücken in eine sogenannte Hyperlordose (eine verstärkte Krümmung der Wirbelsäule) und begünstigte damit Rückenschmerzen. Zusätzlich hatte Paulchen lediglich zwei Stunden täglich freie Bewegung auf Paddock oder Weide – Sommer wie Winter.
Unter solchen Bedingungen war eine erneute Rückenproblematik vorprogrammiert. Unabhängig davon, wie abwechslungsreich und durchdacht die Besitzerin ihr Pony trainierte, würden sich immer wieder entzündliche Prozessen und Schmerzen im Rücken einstellen. Als ich die Besitzerin auf die Haltungsbedingungen ansprach, war ihr dieser Zusammenhang durchaus bewusst. Sie schilderte jedoch, dass es ihrer Erfahrung nach nahezu unmöglich sei, einen Pensionsstall zu finden, in dem sowohl die Haltungs- als auch die Trainingsbedingungen wirklich stimmten. Ich machte sie darauf aufmerksam, dass Paulchen mit großer Wahrscheinlichkeit weiterhin Rückenschmerzen entwickeln

würde, wenn sich an seiner Wohnsituation nichts änderte. Leider bestätigte sich diese Einschätzung. Drei Mal trainierte die Besitzerin Paulchen erneut an und ließ ihn tierärztlich behandeln – nur um kurze Zeit später wieder am selben schmerzhaften Punkt zu stehen. Schließlich kam sie zu dem Schluss, dass Paulchen als Reitpony nicht geeignet sei, und verkaufte ihn als Kutschpony. Ich ging davon aus, nach dem Verkauf nie wieder etwas von Paulchen zu hören. Doch ein Jahr später meldete sich überraschend seine neue Besitzerin und bat mich um einen Behandlungstermin. Paulchens neues Zuhause lag in einem anderen Bundesland. Statt in einer Box lebte er in einer kleinen Ponyherde im Offenstall mit einem zeitgesteuerten Fütterungssystem. Die neue Besitzerin berichtete, dass Paulchen zwar gelegentlich vor der Kutsche ging, sie jedoch schnell festgestellt hatte, dass er sich unter dem Sattel deutlich wohler fühlte. Besonders gerne bewegte er sich mit ihr durch das angrenzende, hügelige Waldgelände. Diese Form der Bewegung empfand sie selbst als schöner und weniger anstrengend als das Kutschfahren. Paulchen erwies sich zudem als sehr lernfreudiges Pony, das Spaß an allem Neuen hatte und über ein ausgeprägtes Talent für Zirkuslektionen verfügte. Die Bodenarbeit wurde fester Bestandteil von Paulchens Wochenplanung.
Die neue Besitzerin konnte die Probleme, die bei der Vorbesitzerin aufgetreten waren, nicht bestätigen. Paulchen zeigte weder einen empfindlichen Rücken noch Abwehrreaktionen beim Reiten. Im Gegenteil: Sie hatte den Eindruck, dass er Freude an allem hatte, was sie sich für ihn ausdachte.
Auch auf mich machte Paulchen einen glücklichen und gesunden Eindruck. Zwar konnte ich bei unserem ersten Behandlungstermin kleinere Verspannungen und zwei Blockaden feststellen, insgesamt hatte er sich jedoch zu einem ausgeglichenen Verlass-Pony mit gut entwickelter Rückenmuskulatur entwickelt.

Was geholfen hat:

- Ein Umzug in einen Offenstall mit kontrollierter Fütterung und klar strukturierten Ruhe- und Bewegungszeiten
- Ein abwechslungsreiches Trainingsprogramm mit Ausritten, Zirkuslektionen und Bodenarbeit, das sowohl die Muskulatur als auch die Koordination förderte
- Eine positiv eingestellte, nicht leistungsorientierte neue Besitzerin, die den Spaß mit Paulchen in den Vordergrund stellte und ihm Zeit zur körperlichen und mentalen Entwicklung ließ

DREAMER T.

Dreamer T. war eine vierjährige Quarter-Horse-Stute, die ich ihm Rahmen meiner Süddeutschlandtour in Nürnberg kennenlernte.
Zu unserem Termin brachte die Besitzerin Röntgenaufnahmen mit, auf denen deutliche Engstände der Dornfortsätze in der gesamten Sattellage zu erkennen waren. Vier Dornfortsätze berührten sich bereits, zwei zeigten deutliche Deformationen.
Während der Anamnese erzählte mir die Besitzerin, dass sie Dreamer T. im Alter von zweieinhalb Jahren selbst angeritten hatte. Die Stute war anschließend auf Turnieren vorgestellt worden – altersentsprechend in ihren jeweiligen Leistungsklassen – und trug dafür Slidingeisen an den Hinterhufen.
In diesem Jahr sei jedoch an eine Turnierteilnahme nicht zu denken gewesen, so die Besitzerin, da Dreamer T. aus unerklärlichen Gründen plötzlich „steif wie ein Brett" geworden sei und enge Wendungen konsequent verweigert habe.
Vor unserem Behandlungstermin hatte sich die Besitzerin intensiv mit möglichen Ursachen und Symptomen von Kissing Spines auseinandergesetzt und äußerte mir gegenüber sehr selbstreflektiert die Vermutung, dass sie die Krankheit womöglich selbst in ihre Stute „hineingeritten" habe. Zudem äußerte sie Bedenken, dass die Slidingeisen den Rücken zusätzlich negativ beeinflusst haben könnten, da sie die Bewegungen der Hinterhand instabiler machten.
Diese Einschätzung konnte ich nur bestätigen.
Da sich die Stute während der Bewegungsanalyse deutlich lockerer bewegte, als ich es aufgrund der Schilderungen der Besitzerin erwartet hatte, die Besitzerin ihre bisherigen Trainingsmethoden offen hinterfragte und Dreamer T. noch sehr jung war, erschien mir der weitere Weg sehr vielversprechend.
Abgesehen von einer Blockade in der Halswirbelsäule, die sich problemlos lösen ließ, konnte ich neben der bestehenden Kissing Spines-Problematik keine weiteren gravierenden Befunde feststellen. Gemeinsam entwickelten wir daher zeitnah einen Trainingsplan, nach dem mit Dreamer T. in den darauffolgenden Wochen gearbeitet werden sollte.
Da Nürnberg für mich leider zu weit entfernt lag, um eine engmaschige Betreuung vor Ort gewährleisten zu können, suchte sich die Besitzerin eine Therapeutin in ihrer Nähe. Diese achtete darauf, dass die Muskulatur der Oberlinie locker und beweglich blieb und keine schwerwiegenden Blockaden entstanden. Ich blieb über das Handy in regelmäßigem Kontakt mit der Besitzerin und besuchte sie zur nächsten Behandlung etwa ein dreiviertel Jahr später erneut.
Die Slidingeisen waren Dreamer T. bereits kurz nach meiner ersten Behandlung abgenommen worden. Inzwischen war die Stute noch ein paar Zentimeter gewachsen, sodass sie nicht mehr ganz

Auch ein Quarter Horse kann an Kissing Spines erkranken. (© AdobeStock/ Annabell Gsödl)

so stark überbaut erschien. Zudem unterstützte nun eine neue Trainerin, die großen Wert auf ein abwechslungsreiches Training sowohl vom Boden aus als auch unter dem Sattel legte, die Besitzerin. Diese Trainerin war zwar ebenfalls Westernreiterin, hatte in ihrer Jugend jedoch als sogenannte Buschreiterin viel Geländeerfahrung gesammelt. Nachdem Dreamer T. keine Slidingeisen mehr trug, nutzte die Trainerin ihren Einfluss und verlagerte das Training häufig von der Reithalle ins Gelände. Dort lernte die Stute, sich auf unterschiedlichen Untergründen auszubalancieren, und entwickelte sogar Freude daran, über schmale Baumstämme zu springen. Im Gelände zeigte sie ein fleißiges, gleichmäßiges Tempo, das ihr half, eine stabile Oberlinienspannung aufzubauen und dauerhaft zu halten.

Bei meinem dritten Besuch, ein halbes Jahr später, berichtete mir die Besitzerin von ihrem Vorhaben, nun wieder an einem Turnier teilnehmen zu wollen – fast zwei Jahre später, als ursprünglich geplant. Dreamer T. zeigte zu diesem Zeitpunkt einen konstanten Leistungszuwachs und keinerlei Anzeichen von Schmerz oder Bewegungseinschränkungen. Aus meiner Sicht stand einer Turnierteilnahme nichts mehr im Wege. Auf das Turnier folgten viele weitere. Inzwischen ist Dreamer T. acht Jahre alt, uneingeschränkt reitbar und erfolgreich in der Westernturnierszene unterwegs. Ihre Besitzerin arbeitet nach einem detaillierten Trainingsplan und achtet sehr konsequent auf ein gutes Management der Umgebungsfaktoren.

An der Diagnose Kissing Spines hat sich – auch nach dem Wachstumsschub und trotz des guten Managements – nichts geändert. Gerade dieses konsequente Management ist jedoch der Grund dafür, dass Dreamer T. heute schmerzfrei und leistungsbereit ist sowie deutlich sichtbare Bewegungsfreude in der Arbeit zeigt.

Freie Bewegung ist für alle Pferde besonders motivierend. (© AdobeStock/ Annabell Gsödl)

Was geholfen hat:

- Die Besitzerin hat sich selbst und ihre bisherigen Trainingsmethoden kritisch hinterfragt und angepasst
- Die Slidingeisen wurden entfernt, um die natürliche Bewegung der Hinterhand wieder zuzulassen
- Ein abwechslungsreiches Training mit Elementen aus anderen Disziplinen, wie beispielsweise Geländespringen, förderte Gleichgewicht, Trittsicherheit und eine stabile Oberlinie und sorgte gleichzeitig für mentale Abwechslung und Motivation

LITERATUR

Ellendorff, Franz (2011): Leistungstraining für das Pferd. Schlütersche Verlagsgesellschaft, Hannover.

Higgins, Gillian (2018): Anatomie verstehen. Kosmos Verlag, Stuttgart.

König, Horst Erich; Liebich, Hans-Georg (2015): Anatomie der Haussäugetiere. Schattauer Verlag, Stuttgart.

Otte-Habenicht, Michaela; Deutsche Reiterliche Vereinigung (FN) (2000): Die Reitabzeichen 5–1 der Deutschen Reiterlichen Vereinigung. FN Verlag, Warendorf.

Welter-Böller, Barbara; Welter, Maximilian (2016): Gutes Training schützt das Pferd. Cadmos Verlag, Stuttgart.

Wissdorf, Horst; Gerhards, Hartmut; Huskamp, Bernhard; Deegen, Eckehard (2010): Praxisorientierte Anatomie und Propädeutik des Pferdes. M. & H. Schaper Verlag, Hannover.